Shehu Folaranmi Gbolahan Yusuf

# Para a modelação da produção avícola indígena ECP

Shehu Folaranmi Gbolahan Yusuf

# Para a modelação da produção avícola indígena ECP

ScienciaScripts

**Imprint**



Cover image: www.ingimage.com

This book is a translation from the original published under ISBN 978-3-639-71229-2.

Publisher:
Sciencia Scripts
is a trademark of
Dodo Books Indian Ocean Ltd. and OmniScriptum S.R.L publishing group

120 High Road, East Finchley, London, N2 9ED, United Kingdom
Str. Armeneasca 28/1, office 1, Chisinau MD-2012, Republic of Moldova, Europe
Managing Directors: Ieva Konstantinova, Victoria Ursu
info@omniscriptum.com

Printed at: see last page
**ISBN: 978-620-8-51342-9**

# DECLARAÇÃO

1, Shehu Folaranmi Gbolahan Yusuf, declara que:

(i) Os trabalhos de investigação apresentados nesta dissertação, salvo indicação em contrário, são da minha autoria.

(ii) A tese não tenha sido anteriormente apresentada ou submetida para obtenção de qualquer grau em qualquer lugar

(ii) Todas as fontes citadas foram devidamente reconhecidas.

Shehu Folaranmi Gbolahan Yusuf Data

## Dedicação a

A minha mulher e os meus filhos, que me deram alegria, amor e sorrisos

A minha falecida mãe, Hamdalat Anike, que me deu a luz da educação

Tata Madiba Rolihlahla Mandela que foi um ícone e uma inspiração

e

Aqueles que foram mortos, mutilados, exilados, presos por exigirem direitos iguais para todos os sul-africanos

sul-africanos

# AGRADECIMENTOS

"E Ele dar-vos-á outra bênção, que vós amais... o socorro de Deus (SWT) e uma vitória próxima. E anuncia aos fiéis as boas novas" (Alcorão 62:13). Estou grato a Alá Todo-Poderoso (SWT) pelas bênçãos que me permitiram participar no programa.

Reconheço o apoio do Centro de Investigação e Desenvolvimento Govan Mbeki (GMDRC) pelo fornecimento da ajuda financeira, sem a qual este estudo não teria sido viável.

Estou muito grato ao meu supervisor, o Prof. FS Lategan, que sempre me prestou toda a sua assistência, aconselhamento e encorajamento. O seu esforço deu o impulso necessário para concluir o trabalho. E ao meu co-orientador, Prof. Patrick Masika, pelas reuniões académicas semanais de todos os estudantes de pós-graduação sob a sua supervisão. A revisão académica semanal contribuiu imensamente para o enriquecimento do projeto. Obrigado pela vossa orientação e contributo.

Estou muito grato ao Prof. Nomakhaya Monde, que é o epítome do amor, da generosidade, da inspiração e do carinho. Prof., é a ponte para um objetivo de toda a vida, uma corda quando comecei a cair, o seu apoio foi total. É de facto um *Iyalode* para mim. Os meus agradecimentos especiais para si. E ao HOD, Prof. Abbysinia Mushunje, obrigado por me guiar pelo caminho do medo até à glória. És a minha paz no meio da contenda. Vou estimar-vos sempre. Estou-vos grato.

Estou muito grato à minha família direta, à minha querida e adorável esposa, *Olori* Aduke Adetayo, aos meus filhos, Temi, Lola, *Iyalode* Lade e Mofe. Obrigado pelo sacrifício e por sentirem a falta dos meus cuidados paternais. Obrigado por manterem a casa forte e intacta na minha ausência. Amo-vos a todos.

Os meus profundos agradecimentos à Sweetness Lukashe pelo seu apoio. Ela ofereceu-se para trabalhar comigo no terreno durante todo o período de recolha de dados. Continuem a ser abençoados. Gostaria de agradecer o apoio incondicional de Noméfele, Irene, Budasi, Moss e de todos os outros funcionários do Departamento de Desenvolvimento Rural e Reforma Agrária, dos gabinetes de Alice, Fort beau fort, Middle drift e Bisho, nas visitas a todas as aldeias e aos vários agregados familiares. Os meus sinceros agradecimentos a todos os inquiridos, muito especialmente às mulheres, que sacrificaram o seu tempo para responder a vários questionários, forneceram informações vitais e como poderiam ser ajudadas a aumentar a produção avícola indígena.

Estou extremamente grato aos meus "pais", Alhaji e Hajia Adedamola Oke, por terem desempenhado um papel importante. Só Alá Todo-Poderoso (SWT) vos pode recompensar pelo vosso apoio a mim e à minha família. Que a recompensa nunca vos seja negada, Ámen. Estou também em dívida para contigo, meu irmão Bayo Yusuf, pelo teu apoio a mim e à minha família.

Estou muito grato a Salmon Yusuf, Arch Jide Yusuf, Eniola, Hajia Adekola, Sra. Joke Akintola, Alh.e Hajia Jummy Omotosho, Bukky, Kenny e todos os membros do G19, Sr. e Sra. Dotun Adeyemi, Sr. Ilori, Yusuf (também conhecido por Booda), pelo seu apoio a mim e à minha família.

Nunca esquecerei os contributos do Alh. Chefe S. A. Yusuf Moore (O Olowolagba Adeen da Terra Egba), Imã-Chefe da Mesquita Moore, Alh. Abdul Azeez Abd. Rasak, a Conselheira Immaculate Bankole,

Alh S. Owoyemi, Imam Bolaji e Lagesh pelo vosso apoio moral e espiritual, estou-vos muito grato.

Gostaria de reconhecer o papel desempenhado pela Dra. Bimbo, Dr. Uche Nwodo, Thobeka Maqubela, Nomzi e Zola pelos seus conselhos e apoio. Os meus sinceros agradecimentos ao amor que me foi demonstrado pela Sra. Lateefat Ejio, Prof. e Dr. (Sra.) Anthony Okoh, Prof. Samson Apantaku, Prof. e Dr. (Sra.) Ayinde, Prof. e Dr. (Sra.) Lateef Sanni, Dr. e Sra. Rabiu Kusimo, Prof. Emmanuel Osinem, Dr. David Afful, Idowu Seriki (ID), e Ayo Opadokun.

É tradicional, num trabalho de doutoramento, reconhecer a dívida que o autor tem para com o pessoal da biblioteca da Universidade e do GMRDC. Proporcionaram-me várias acções de formação e apoio de que beneficiei imenso para me equipar para a tarefa, pelo que lhes estou muito grato. Apreciamos os contributos do Sr. S. Odeyemi para o aconselhamento e análise estatística e da Sra. Formson para a edição do texto.

Às memórias amorosas do meu falecido pai Azeez Subulade Yusuf e da minha mãe, a Sra. Hamdalat Anike Yusuf, a minha doce mãe que dedicou toda a sua vida a ver-me tornar-me um homem culto. Que as suas almas descansem em perfeita paz. Ámen.

A todas as pessoas que me apoiaram em diferentes fases, o meu muito obrigado.

**Yusuf SFG**

## Resumo

A pobreza continua a ser um problema crítico, sobretudo nas zonas rurais da África do Sul. O governo adoptou várias iniciativas, políticas e programas para tentar reduzir a pobreza a nível nacional e provincial, mas a pobreza ainda não foi reduzida. Apesar da meta do Objetivo de Desenvolvimento do Milénio 1 (ODM1) de reduzir a pobreza para metade até ao ano 2015, a pobreza continua a ser uma ameaça à qualidade dos meios de subsistência. A agricultura continuou a ser um dos pilares dos esforços do governo para combater a pobreza. No entanto, no que respeita às intervenções na produção animal, os esforços do Governo centraram-se em grande medida no gado bovino, ovino, caprino, suíno e nas aves de capoeira exóticas, tendo sido dada pouca atenção à produção de aves de capoeira autóctones (PIA). Este estudo explora a opção de usar a PIP para abordar a pobreza rural, capitalizando os seus insumos mínimos e reconhecendo a sua prevalência numa variedade de agregados familiares. O estudo aborda a caraterização da PIP do ponto de vista das opções de alojamento, alimentação, gestão dos cuidados de saúde, criação e comercialização. Foram examinadas as competências dos avicultores indígenas e dos técnicos de desenvolvimento agrícola. Este estudo analisou os modelos de criação de aves de capoeira em diferentes partes do mundo, com especial atenção para África. O programa de desenvolvimento de recursos humanos do departamento de desenvolvimento rural e reforma agrária foi discutido. O estudo utilizou uma abordagem multi-métodos, as metodologias de investigação quantitativa e qualitativa. A análise estatística descritiva, a contagem frequente, a percentagem, a média, o desvio padrão, o qui-quadrado e a análise de componentes principais foram utilizados na análise de dados quantitativos, enquanto o "sistema social aberto" foi utilizado para a metodologia qualitativa. Os resultados revelaram que as IPFs enfrentam alguns desafios, entre os quais o alojamento deficiente que expõe as aves a condições climatéricas adversas, ataques de predadores e roubo de animais, elevada mortalidade dos pintos após a eclosão e alimentação dispendiosa para o bando. Os IPFs mostraram competências em nove itens de habilidades que incluíam a capacidade de identificar predadores de galinhas (x=3,92) e galinhas de alto rendimento (x=3,79); controlo de predadores (x=3,77); métodos de utilização de medicamentos etno-veterinários para tratar doenças e pragas de galinhas (x=3,72), e identificar sinais de doenças (x=3,69), entre outros. No entanto, os ADTs não mostraram competência em nenhum dos 32 itens de habilidades. A análise de componentes principais com rotação Varimax foi efectuada para averiguar a dimensionalidade das medidas. Foram extraídos seis factores com um valor de eigen >1, que representaram 77,317%, com cargas factoriais que variaram entre 0,523 e 0,93. Após a rotação, a carga dos factores que emergiram no mesmo componente foi descrita como: criação, abrigo e cuidados a ter com os pintos; predadores e cuidados de saúde; higiene e gestão das camas; alimentos e material de alimentação; e manutenção de registos e comercialização. As conclusões sobre o desenvolvimento dos recursos humanos revelaram que as reuniões do pessoal foram o método mais comum de desenvolvimento de capacidades. Seguiram-se a formação em serviço, o estudo formal, o seminário e a formação no local de trabalho. A escola de campo dos agricultores e as visitas de estudo foram pouco utilizadas. No entanto, os inquiridos mostraram-se favoráveis à formação no local, às reuniões do pessoal, ao estudo formal e à formação em serviço. As conclusões sobre o modelo adequado sugerem um modelo teórico de produção avícola indígena (IPPM) para a Província do Cabo Oriental (ECP). O "sistema social aberto" foi utilizado para desenvolver um quadro para uma sociedade cooperativa avícola indígena (conhecida como *Abafuyi Benkukhu Zemveli* [ABZ]). O objetivo era criar uma força vinculativa para o desenvolvimento de capacidades, uma base económica forte através de contribuições de capital, a criação de canais de comercialização e o desenvolvimento de um conceito de produto "nosso" em o mercado. Por último, o estudo oferece opções para um programa de formação que se adapte às novas iniciativas, com uma forte abordagem de formação para o desenvolvimento de capacidades. Neste contexto, o estudo defende o apoio institucional às IPFs e a incorporação da avicultura indígena no currículo dos programas de formação agrícola nas instituições de ensino superior da África do Sul.

**Palavras-chave:** Aves de capoeira indígenas, alimentação, gestão dos cuidados de saúde, modelo avícola, competências, desenvolvimento de recursos humanos

# Abreviaturas e acrónimos

| | |
|---|---|
| ABZ | *Abafuyi Benkukhu Zemveli* |
| ABZ Co-Op | *Abafuyi Benkukhu Zemveli* Cooperative |
| AgriBBBEE | Agricultural Broad Based Black Economic Empowerment |
| AgriSETA | Agricultural Sector Education Training Authority |
| ADTs | Agricultural Development Technicians |
| ARC | Agricultural Research Council |
| AVPATS | Association *Villageoise de Producteurs d'Aviculture Traditionelle* |
| B&MGF | Bill and Melinda Gate Foundation |
| BPM | Bangladesh Poultry Model |
| BRAC | Bangladesh Rural Advancement Committee |
| BRICS | Brazil, Russia Federation, India, China and South Africa |
| B-upDDES | Bottom-up Demand Driven Extension Strategy |
| CAADP | Comprehensive African Agricultural Development Program |
| CAQ | Capacity Assessment Questionnaire |
| CASP | Comprehensive Agricultural Support Program |
| CD | Capacity Development |
| CHH | Children Headed Household |
| CIDI | Community Integrated Development Initiatives |
| CIT | Composite Index Technique |
| CO | Competency Observed, |
| DAFF | Department of Forestry and Fishery |
| DARRD | Department of Agrarian Reform and Rural Development |
| DFID | Department for International Development |
| DLS | Department of Livestock Services |
| DoA | Department of Agriculture |
| DOCs | Day-Old-Chicks |
| ECDC | Eastern Cape Development Council |
| ECGDP | Eastern Cape Gross Domestic Product |
| ECP | Eastern Cape Province |
| ECPG | Eastern Cape Provincial Government |
| ECSECC | Eastern Cape Socio Economic Consultative Council |
| ERP | Extension Recovery Plan |
| EWTNs | Extension Workers Training Needs |

| | |
|---|---|
| CFA | Central African Franc |
| FA | Factor Analysis |
| FAO | Food and Agricultural Organization |
| FARA | Forum for Agricultural Research in Africa |
| FHH | Female Headed Household |
| FHISER | Fort Hare Institute of Social and Economic Research |
| FPS | Farmer Poultry Schools |
| GII | Gender Inequality Index |
| HDI | Human Development Index |
| HHPA | Household Poultry Advisor |
| HIV/AIDS | Human Immunodeficiency Virus/ Acquired Immune Deficiency Syndrome |
| HSRC | Human Sciences Research Council |
| HYCV | High Yielding Crop Varieties |
| IBSA | India, Brazil, and South Africa |
| IP | Indigenous Poultry |
| IPFs | Indigenous Poultry Farmers |
| IPFsCo-op | Indigenous Poultry Farmers Cooperative Society |
| IPH&BFs | Indigenous Poultry Hatcheries and Breeders' Farms |
| IPP | Indigenous Poultry Production |
| IPPM | Indigenous Poultry Production Model |
| ICT | Information and Communication |
| IDP | Integrated Development Plan |
| IFAD | International Fund for Agricultural Development |
| ILO | International Labor Organization |
| INCORET | Indigenous Consultants Researchers and Trainers |
| KMO | Kaiser-Meyer-Olkin |
| LCS | Living Condition Survey |
| LED | Local Economic Development Framework |
| MHH | Male Headed Household |
| NCD | Newcastle Disease |
| NCO | No Competency Observed |
| NEPAD | New Partnership for Africa's Development |
| NGO | Non Governmental Organisation |
| NSAQ | Needs and Situation Analysis Questionnaire |

| | |
|---|---|
| OECD | Organisation for Economic Co-operation and Development |
| ORT | Oral Rehydration Therapy |
| PCA | Principal Component Analysis |
| PGDP | Provincial Growth and Development Plan |
| PPEA | Participatory Programmed Extension Approach |
| PRSPs | Poverty Reduction Strategy Papers |
| PSC | Public Service Commission |
| RIU | Research Into Use |
| SA | South Africa |
| SFRB | Scavenging Feed Resource Base |
| SMME | Small, Micro, and Medium Sized Enterprise |
| UNDP | United Nations Development Program |
| SPSS | Statistical Package for Social Science |
| VVV | Village Vaccinators |
| WARD | Women in Agriculture and Rural Development |
| ZAR | South Africa Rand |

# ÍNDICE DE CONTEÚDOS


| | |
|---|---|
| CAPÍTULO 1 | 13 |
| CAPÍTULO 2 | 20 |
| CAPÍTULO 3 | 42 |
| CAPÍTULO 4 | 68 |
| CAPÍTULO 5 | 86 |
| CAPÍTULO 6 | 109 |
| CAPÍTULO 7 | 129 |
| CAPÍTULO 8 | 171 |
| CAPÍTULO 9 | 188 |
| CAPÍTULO 10 | 195 |

# CAPÍTULO 1

# INTRODUÇÃO

## 1.1 Agricultura e luta contra a pobreza

África é um continente abençoado, que possui uma parte significativa dos recursos naturais do mundo. No entanto, apesar dos abundantes recursos naturais do continente, bem como dos seus recursos humanos, a pobreza, a fome e a inanição são frequentes. As estatísticas mostram que 72,9% das pessoas na África Subsariana vivem com um rendimento diário inferior a 2 dólares, enquanto 50,9% lutam para sobreviver com 1,5 dólares ou menos por dia. Além disso, mais de 556 milhões de africanos sofrem atualmente de subnutrição (Banco Mundial, 2012). A agricultura é a principal fonte de subsistência no continente africano e, só na África Subsariana (ASS), representa cerca de 40% do PIB e 60 a 80% do emprego total (FAO, 2009). No entanto, a ASS é a única região do mundo onde a situação do abastecimento alimentar continua a agravar-se à medida que a população aumenta. Diao, Hazell, Resnick & Thurlow (2007:6) descrevem a situação como terrível e notam que está a deteriorar-se. Numa tentativa de resolver esta situação deplorável, em 2002, os chefes de Estado africanos introduziram um programa conhecido como Programa Abrangente de Desenvolvimento Agrícola Africano (CAADP) (NEPAD, 2002; Banco Mundial, 2007) com o objetivo de aumentar a produção agrícola em 6% por ano durante os próximos vinte anos (NEPAD, 2002).

A paisagem agrícola da África do Sul mudou significativamente desde as eleições democráticas de 1994, embora ainda seja caracterizada por desigualdades (Vink & Van Rooyen, 2009). De acordo com Vink & Van Rooyen (2009), estas desigualdades são particularmente evidentes entre os agricultores comerciais brancos e as zonas comunais, e entre os agricultores das zonas comunais. As desigualdades mais evidentes são evidentes entre os agricultores das zonas comerciais e os agricultores das zonas comunais. De acordo com Vink & Van Rooyen (2009:13), os agregados familiares envolvidos na agricultura de pequena escala dependem de múltiplas estratégias de subsistência, com a produção agrícola a desempenhar um papel significativo, mas dando apenas uma pequena contribuição para os seus meios de subsistência. A maioria destes pequenos agricultores depende de subsídios sociais, tais como pensões e subsídios de apoio à criança, como as suas principais fontes de rendimento. Vink & Van Rooyen (2009:26) referem que a contribuição total da agricultura de subsistência para os rendimentos das famílias (tanto em dinheiro como em géneros) varia entre 6 e 12% para as povoações de sequeiro e entre 24 e 30% para as de regadio. Ao longo dos anos, registou-se um declínio na produção da agricultura de pequena escala em comparação com a da agricultura comercial. Vários inquéritos a nível microeconómico sobre a agricultura de pequena escala estabeleceram que os pequenos agricultores na África do Sul enfrentam uma série de desafios que impedem o seu movimento ascendente. Estes desafios incluem factores agronómicos, tais como doenças e condições climáticas adversas, juntamente com a falta de informação adequada sobre a forma de gerir estes fenómenos, factores institucionais, tais como a insegurança da posse da terra e o acesso ao crédito à produção para a compra de insumos; e o declínio dos serviços de apoio à agricultura, incluindo a investigação e a prestação de serviços de extensão (Vink & Van Rooyen, 2009:29). Todos estes factores impedem o progresso dos agricultores rurais, pobres em recursos, que dependem mais da agricultura para a sua sobrevivência do que de empresas não agrícolas (Baiphethi & Jacobs, 2009).

A África do Sul, que é signatária da iniciativa NEPAD e que é considerada autossuficiente no que diz respeito à produção alimentar, continua a registar uma elevada taxa de subnutrição que afecta as crianças. Por exemplo, estudos sul-africanos recentes realizados por Ismail & Suffla (2013:2) indicam que as taxas de subnutrição infantil aumentaram, comprometendo assim a saúde da criança, enquanto Liu, Johnson, Cousens, Perin, Scott, Lawn, Rudan, Campbell, Cibulskis, Li, Mathers & Black (2012:2158) relataram que uma em cada dez crianças sul-africanas é afetada pelo baixo peso, um distúrbio comum à má nutrição. Além disso, Shao, Konovalchuk, Clark & Bruening (2004) confirmam os elevados níveis de pobreza, especialmente nas zonas rurais, onde residem cerca de 70% dos pobres da África do Sul.

A pobreza, que pode ser descrita como "multidimensional" na sua natureza (Ravallion, 2011:13), é caracterizada por múltiplas privações. De acordo com Ferraria (2011:11-13), estas privações são evidentes em padrões alimentares pobres e padrões de vida inadequados que resultam frequentemente em problemas de saúde, numa vida útil mais curta, num acesso limitado à educação, ao conhecimento e à informação e na impotência em vários domínios. De acordo com o Relatório sobre o Desenvolvimento Humano (RDH) de 2013, a África do Sul foi classificada com um valor de 0,629 em 2012 no Índice de Desenvolvimento Humano (IDH), o que a coloca na categoria de desenvolvimento humano médio e posiciona o país em 121.º lugar entre 187 países e territórios. Este IDH de 0,629 é inferior à média de 0,655 dos países BRICS (Brasil, China, Índia, Federação Russa e África do Sul), mas melhor do que a média de

0,588 dos países IBAS (Índia, Brasil e África do Sul). No que diz respeito ao Índice de Desigualdade de Género (GII), que reflecte as desigualdades baseadas no género em três dimensões, nomeadamente a saúde reprodutiva, o empoderamento e a atividade económica, a África do Sul obteve um valor de GII de 0,462, classificando-se em 90º lugar entre 148 países, no índice de 2012 (HDR, 2013). Do mesmo modo, o Índice de Pobreza Multidimensional (MPI), no índice de 2012, que identifica privações múltiplas nos mesmos agregados familiares em termos de educação, saúde e nível de vida, indicou que 13,4% da população sul-africana vivia em pobreza multidimensional (a "contagem de cabeças" do MPI), enquanto outros 22,2% eram vulneráveis a privações múltiplas (HDR, 2013). Numa tentativa de ultrapassar o desafio da subnutrição, uma percentagem significativa dos rendimentos dos agregados familiares é gasta em alimentos e, a menos que a situação seja corrigida através de um programa pragmático e a favor dos pobres, esta tendência de um padrão alimentar deficiente manter-se-á durante muito tempo.

O regime democrático inaugurado com as eleições de 1994 mudou a face da pobreza rural e da desigualdade na África do Sul. Por exemplo, para além do sistema de subsídios sociais, foram introduzidas outras medidas de segurança para resolver o problema da pobreza rural. Entre 1994 e 2012, foram implementadas várias iniciativas, políticas, programas e projectos de luta contra a pobreza a nível nacional, provincial e municipal.

Entre estes, contam-se os programas iniciados pelo Departamento do Comércio e da Indústria, destinados a apoiar o sector das pequenas, micro e médias empresas (PME); o Fundo Nacional de Competências, que financiou parte da Estratégia de

Desenvolvimento dos Recursos Humanos (EDRH); o programa do Departamento dos Assuntos Fundiários sobre a reforma agrária, em 1995-96; o Programa de Obras Públicas de Base Comunitária; o Programa Trabalhar para a Água; o Programa de Cuidados com a Terra; programas da Agência Nacional de Desenvolvimento; o Programa Integrado de Desenvolvimento Rural; e a Estratégia de Renovação Urbana, em 2001 (Aliber, 2003). Outras iniciativas incluem o Programa Abrangente de Apoio à Agricultura (CASP) e o Agricultural Broad Based Black Economic Empowerment (AgriBBBEE). A nível provincial, o governo da província do Cabo Oriental, através dos pilares da Transformação Agrária e da Segurança Alimentar no âmbito do Plano Provincial de Crescimento e Desenvolvimento (PGDP), implementou os seguintes programas: Produção maciça de alimentos; Produção doméstica de Siyazondla; o Programa de Nutrição Abrangente ; o Programa de Produção de Alimentos de Siyakhula; e o Programa de Infraestrutura Agrícola Integrada (Conselho Consultivo Socioeconómico do Cabo Oriental [ECSECC], 2009). No entanto, apesar da implementação destes programas, a pobreza na África do Sul continua a ser uma questão preocupante.

Os resultados do Inquérito sobre as Condições de Vida (LCS) (2008/2009), que utiliza os indicadores de pobreza de contagem de pobreza, hiato de pobreza e gravidade da pobreza, indicaram que Limpopo era a província mais pobre (48,5%) na África do Sul, seguida pelo Cabo Oriental (35,7%) e depois KwaZulu-Natal (33%). O Cabo Ocidental e Gauteng registaram as taxas de pobreza mais baixas, com 9% e 10,1%, respetivamente, em comparação com as outras províncias. Apesar dos contributos óbvios das várias iniciativas do governo para combater a pobreza na África do Sul, a pobreza continua a prevalecer, principalmente nas zonas rurais. Numa tentativa de quebrar o ciclo generalizado de pobreza entre os habitantes das zonas rurais do Cabo Oriental, foi concebida uma nova abordagem utilizando a produção avícola indígena como intervenção. A iniciativa consistia em utilizar os conhecimentos que os agricultores possuem sobre os métodos tradicionais ancestrais de produção de frangos, desenvolvendo-se a partir do "interior" do contexto sociocultural dos agricultores, capitalizando os conhecimentos autóctones dos agricultores e exigindo uma tecnologia simples e um financiamento modesto, mas com potencial para ter um impacto positivo nos meios de subsistência das populações rurais pobres, onde a pobreza é endémica. A ideia de utilizar aves de capoeira indígenas para abordar a questão da pobreza surgiu depois de o governo sul-africano ter iniciado uma análise crítica dos vários programas de redução da pobreza. Nenhum destes programas tinha incluído as aves de capoeira autóctones como iniciativa de intervenção. No entanto, é evidente na literatura o apoio esmagador à utilização de aves de capoeira autóctones em tais iniciativas, que se revelaram bem sucedidas em alguns países asiáticos, bem como no Uganda, na República do Benim, no Gana, no Botsuana, no Burkina Faso e na Tanzânia, em África.

## 1.2 Conclusão

Este capítulo descreveu a questão da pobreza na África do Sul. A maioria das pessoas nas zonas rurais vive em condições deploráveis. A agricultura provou ser a pedra angular da maioria das iniciativas de intervenção crítica lançadas pelo governo, com a introdução de vários programas e projectos agrícolas a todos os níveis de governo. Os projectos de criação de gado são uma das principais áreas de incidência do governo. Infelizmente, porém, a utilização da produção avícola indígena (PIA) não tem sido explorada como um meio de redução da pobreza entre os agricultores rurais, pobres em recursos, embora o sucesso da PIA na redução da pobreza tenha sido amplamente divulgado. O modo como a PIP pode ser usada para reduzir a pobreza na África do Sul será discutido a seguir.

# CAPÍTULO 2

# ANTECEDENTES DO ESTUDO

## 2.1 Introdução

A pobreza continua a ser um problema mundial, regional e nacional desde há muito tempo. Os esforços globais para a erradicação da pobreza receberam um novo impulso no ano 2000, quando 189 Estados membros das Nações Unidas e 23 organizações internacionais concordaram em alcançar os Objectivos de Desenvolvimento do Milénio (ODM) até ao ano 2015 (Programa das Nações Unidas para o Desenvolvimento, PNUD, 2012). A prioridade entre os ODM é a erradicação da fome extrema e da pobreza. O objetivo tem metas que incluem: reduzir para metade o número de pessoas que vivem com menos de um dólar por dia; alcançar emprego pleno e produtivo e trabalho decente para todos, incluindo mulheres e jovens; e reduzir para metade o número de pessoas que sofrem de fome (PNUD, 2012). No entanto, a redução da proporção de pessoas que vivem com menos de 1,25 dólares por dia entre 1990 e 2010 na África Subsariana (ASS) permaneceu marginal, passando de 56% para 48% em 2010; enquanto no Sudeste Asiático, a pobreza diminuiu de 45% (1990) para 14% (2010) (Relatório sobre os ODM, 2013). Em suma, a situação da pobreza na África do Sul continua a ser um desafio crítico para o governo. Por exemplo, a Statistics South Africa publicou um relatório intitulado "The Poverty Profile of South Africa: Application of the poverty lines on the Living Conditions Survey (LCS) 2008/2009". Entre as principais conclusões do relatório estava o facto de, entre 2008 e 2009, 26. 3% dos sul-africanos viviam abaixo do limiar de pobreza alimentar de R305 por pessoa por mês; 39% viviam abaixo do limiar de pobreza inferior de R416 e 52% viviam abaixo do limiar de pobreza superior de R577 por pessoa por mês. Quando estes números são alinhados com o padrão internacional , indicam que 10,7% dos sul-africanos viviam com menos de 1,25 dólares por dia e 36,4% viviam abaixo do limiar de pobreza de 2,50 dólares por dia. O relatório indica ainda que, entre 2000 e 2006, houve um decréscimo nos níveis de pobreza, mas os níveis dispararam entre 2006 e 2009.

Depois de 1994, os desafios da luta contra a pobreza generalizada na África do Sul foram considerados prioritários pelos governos anteriores e pelos novos governos eleitos. Isto levou à adoção de várias políticas e iniciativas, e foram tomadas medidas pragmáticas. Os esforços em vários projectos produziram alguns dividendos, mas os dados divulgados pelo Conselho Consultivo Socioeconómico do Cabo Oriental (ECSECC) (2012) indicam que havia cerca de 22 milhões (44%) de pessoas a viver na pobreza na África do Sul, e quase 3,9 milhões (57%) viviam no Cabo Oriental. Os resultados da investigação indicam que a maioria destas pessoas se encontrava nas zonas rurais (Anriqez & Stamoulis, 2007; Sodjinou, 2011).

Os esforços para melhorar os meios de subsistência da população rural, cujo principal meio de subsistência gira, na maioria das vezes, em torno das actividades agrícolas, continuam a ser improdutivos. A agricultura, que emprega uma grande percentagem da população, continua a ser um ponto de interesse para o governo e para as agências internacionais, com o objetivo de reduzir a pobreza. Um bom investimento na agricultura foi reconhecido como um potencial motor de crescimento económico (Byerlee, de Janvry & Sadoulet, 2009:17). O relatório do Banco Mundial (2007:3) indica que a agricultura é vital para o desenvolvimento das economias mais pobres e que o seu crescimento é fundamental para a redução da pobreza e o desenvolvimento económico global.

A contribuição da agricultura para a redução da pobreza foi empiricamente evidenciada nas conclusões do Forum for Agricultural Research in Africa (FARA) (2007: 1), segundo as quais "por cada aumento de 1% na produtividade agrícola em África, a pobreza é reduzida em 0,6%". Além disso, há fortes provas empíricas que alinham a redução da pobreza com a melhoria do sector agrícola, mais do que o que se obtém no sector transformador. Isto, segundo Thirtle, Lin & Piesse (2003: 23), é evidente na mudança tecnológica conduzida pela investigação na agricultura, que gera um crescimento suficiente da produtividade com elevadas taxas de retorno em África e na Ásia. A redução da pobreza foi estatisticamente estimada em 27 milhões de pessoas por ano, ao passo que o crescimento da produtividade na indústria e nos serviços não tem qualquer impacto. Machethe (2004: 4) também indica provas empíricas de outros países do mundo que utilizaram a agricultura familiar para ter um impacto significativo na redução da pobreza através da melhoria da produtividade agrícola e dos rendimentos rurais. Por exemplo, na Índia, Ravallion & Datt (1996: 6) referem que o crescimento da agricultura se verificou com a difusão de variedades de culturas de elevado rendimento (HYCV) junto dos agricultores. Este facto beneficiou tanto as populações urbanas como as rurais, enquanto o crescimento da indústria transformadora não teve o mesmo impacto na pobreza.

Os vários programas de desenvolvimento do Governo sul-africano, que incluem a reforma agrária, o Programa Abrangente de Apoio à Agricultura (CASP) e o Programa para as Mulheres na Agricultura e no Desenvolvimento Rural (WARD), demonstram a importância da agricultura na redução da pobreza. Os esforços do governo estão orientados para a implementação de um programa holístico que contribuirá significativamente para melhorar a qualidade de vida dos habitantes das zonas rurais. A comunidade rural da África do Sul, tal como qualquer outra, é um complexo heterogéneo com diversas actividades económicas relacionadas com a agricultura. O espaço terrestre total é de 12,76 milhões de hectares de terras cultivadas, dos quais cerca de 10,45 milhões de hectares (82%) são utilizados para fins comerciais (AgriSETA, 2010: 3). Do total de hectares de terra, 80% é utilizado para a agricultura e a agricultura de subsistência e apenas 12% é arável (GCIS, 2010). Estrategicamente, a África do Sul está em vantagem na criação de gado, com uma superfície de pastagem de 69% (Palmer & Ainslie, 2006). As principais práticas agrícolas são a criação de gado bovino e ovino, a criação mista, a produção vegetal, a produção leiteira, a criação de caça, a aquacultura, a apicultura e a vinicultura (GCIS, 2010). Invariavelmente, qualquer projeto destinado a aliviar a pobreza a partir da base deve capitalizar a produção animal como ponto de entrada. Esta perspetiva serve como importante motivação inicial de apoio para investigar o uso e a introdução da produção avícola indígena como iniciativa de alívio da pobreza.

## 2.2 Produção avícola indígena e redução da pobreza

A criação de gado foi identificada como desempenhando um papel importante no desenvolvimento socioeconómico das famílias rurais que a utilizam como meio de sobrevivência económica (Ali, 2007: 2). Os pequenos animais, tais como ovelhas, cabras, porcos e aves de capoeira, são em grande parte mantidos por famílias com escassez de terras e pobres em recursos para fins comerciais devido ao seu baixo investimento inicial e custos operacionais (Birthal, 2002: 7). As galinhas, consideradas no fundo da "escada da pecuária", não só servem de rendimento para as mulheres africanas pobres que as criam (Bill and Melinda Gate Foundation (B&MGF), 2011: 3), mas também proporcionam uma segurança nutricional importante e reduzem a vulnerabilidade dos meios de subsistência, além de promoverem a equidade de género (Ahuja, 2004:16; Dolberg, 2003: 5, e Ahuja & Sen, 2007: 3). As galinhas são um dos activos físicos detidos pelos pobres em recursos na maioria das zonas rurais. A indústria avícola na África do Sul é de dois tipos. A indústria avícola comercial, que é altamente organizada e utiliza uma tecnologia muito sofisticada , contribui com mais de 17% do valor bruto total da agricultura, com a indústria de frangos de carne a produzir atualmente uma média de 18,6 milhões de frangos de carne por semana, e a crescer de forma constante desde 1990, quando eram produzidos apenas 7,6 milhões de frangos de carne por semana (South Africa Poultry and Products Report, 2011). A indústria avícola da África do Sul é uma empresa em rápido desenvolvimento que se caracteriza por uma gestão intensiva, mecanização e especialização, dominada por algumas grandes empresas que são simultaneamente criadores e produtores (Pedersen, 2002: 603).

Por outro lado, o sector dos pequenos agricultores é caracterizado por uma agricultura comercial de pequena escala (semi-intensiva) e comunal (extensiva). O sistema de produção semi-intensivo é de mão de obra intensiva, utilizando raças especializadas e estilos de gestão moderados (Mapiye, Mwale, Mupangwa, Chimonyo, Foti, & Mutenje, 2008:1685). Na sua maioria, ao nível rural e pobre, o sistema extensivo de produção de aves de capoeira é dominado por galinhas necrófagas, que não estão classificadas em raças específicas e procuram comida (Muchadeyi, Sibanda, Kusina, Kusina & Makuza,

2004:3). Este conjunto de sistemas extensivos de criação de aves de capoeira é dominante na África do Sul rural, onde reside a maioria das pessoas vulneráveis (Fort Hare Institute for Social and Economic Research (FHISER), 2010: 10). De acordo com Tsibane (2000: 33), não foi feito muito trabalho sobre aves de capoeira de aldeia ou de quintal na África do Sul. Por isso, não existem dados exactos sobre a população real de aves de capoeira de aldeia ou de quintal e sobre a sua contribuição para a população total de aves de capoeira do país (Bwala, 2009: 26). Mtileni, Muchadeyi, Maiwashe, Phitsane, Halimani, Chimonyo & Dzama (2009: 20) também confirmaram a falta de informação sobre a situação da produção de galinhas na maioria das zonas comunais da África do Sul.

Por esta razão, embora a agricultura seja o ponto fulcral do desenvolvimento rural, a disponibilidade de dados e de informação científica são precursores de um bom planeamento de qualquer intervenção. Além disso, Minten & Barrett (2008) argumentaram que uma melhor difusão da tecnologia agrícola nos países em desenvolvimento é aparentemente o meio mais eficaz de melhorar a produtividade agrícola, reduzindo assim a pobreza e a insegurança alimentar. Contudo, uma área crítica de desafio é a capacidade e competência do pessoal da extensão.

## 2.3 Declaração do problema

O Cabo Oriental acolhe um número substancial de agregados familiares que dependem do sector informal e de subsídios públicos para sobreviver, em resultado do elevado nível de pobreza, desemprego e fome que caracteriza a província (ECGDP, 2004). O relatório do FHISER (2010) sobre o desenvolvimento social confirmou que dois terços dos agregados familiares dependem de subsídios sociais, sendo que mais agregados familiares localizados nas zonas rurais (74,4%) recebem mais do que nas zonas urbanas (57,1%). Du Toit & Neves (2006: 160) relataram o facto de as subvenções sociais ocuparem um lugar central nas estratégias de sobrevivência dos pobres. A Província do Cabo Oriental (PCE), considerada como a "pátria" da pecuária, tem uma vantagem comparativa em relação às outras províncias, tendo sido responsável por 54,3% do total da produção avícola autóctone da África do Sul, seguida de KwaZulu Natal (KZN) com 36,7% (AgriSETA, 2010:15). Esta vantagem comparativa ainda não foi totalmente explorada para resolver o problema da pobreza que afecta a província, especialmente entre os agricultores pobres em recursos. Mais ainda, quando se considera a produção agrícola de risco na África do Sul, provocada por défices agudos de precipitação, alterações climáticas e o que Ortmann & Machethe (2003: 711) identificaram como a relativa escassez de água na maioria das áreas e o baixo potencial de terra arável disponível para os agricultores de subsistência, a produção avícola indígena poderia oferecer uma melhor opção para a redução da pobreza. O desafio da luta contra a pobreza e a subnutrição, segundo Sharma (2007: 35), poderia ser eficazmente enfrentado, em grande medida, através do reforço da produção avícola autóctone que é praticada em muitos países em desenvolvimento. Todd (1998: 14) defendeu a utilização de galinhas de aldeia como um meio eficaz de quebrar o ciclo da pobreza. Os factores favoráveis que explicam isto são:

a. A criação de galinhas nas aldeias é uma tendência comum entre os habitantes das zonas rurais, especialmente entre as mulheres e as crianças;

b. É considerado como o gado dos pobres em recursos;

c. Envolve tecnologias de baixo custo que estão prontamente disponíveis; e

d. a tecnologia é herdada dos pais ao longo da linhagem

Está provado que a criação de aves de capoeira autóctones contribui substancialmente para a segurança alimentar autóctone em todo o mundo em desenvolvimento, graças aos seus baixos requisitos em termos de insumos, que estão em conformidade com as condições socioeconómicas das famílias rurais (Abdelqader, Wollny & Gauly, 2007). Sonaiya & Swan, (2004: 34) também confirmaram que a criação de aves rurais ajudou a diversificar os rendimentos e a fornecer alimentos de qualidade, energia, fertilizantes e um bem renovável a mais de 80% das famílias rurais. Apesar das várias oportunidades disponíveis para utilizar a produção avícola autóctone para aliviar a pobreza nas zonas rurais, pouca investigação foi realizada a este respeito na África do Sul (Mwale & Masika, 2009) e poucas provas empíricas foram fornecidas para apoiar a utilização de aves de capoeira autóctones para aliviar a pobreza na Província do Cabo Oriental. A ênfase da investigação avícola (Aklilu 2007) tem sido frequentemente colocada nos sistemas de produção modernos (intensivos), com pouca investigação adaptativa sobre a produção avícola indígena.

Como resultado desta abordagem deficiente da PIP, os dados de Jacobs & Hart (2012:6) indicam que não existe um estatuto coerente do desenvolvimento de competências em vários sectores relacionados com o desenvolvimento rural. Os autores opinaram ainda que as provas fragmentadas disponíveis indicam que a maioria das zonas rurais tem graves défices de competências que são em grande parte herdados do passado. De acordo com Mlozi, Kakengi,

Minga, Mtambo & Olsen (2003: 2), a maioria das comunidades rurais não possui as competências necessárias em matéria de criação, formação e oportunidades para melhorar eficazmente a sua produção avícola autóctone, talvez porque esta é considerada uma atividade secundária (Burgos *et al.,* 2007). O conhecimento da produção é uma base fundamental para formar um alicerce de melhoramento (Mwalusanya, Katule, Mutayoba, Mtambo, Olsen & Minga, 2001:405). Importantes para o conhecimento da produção são os conteúdos locais, tal como salientado por Fernandez-Baca (1994) e pelo Banco Mundial (1998), que, por tradição e cultura, têm sustentado a gestão da produção avícola indígena ao longo dos anos. Os factores de sucesso inerentes à adoção de novos projectos foram estabelecidos por DeWalt (1994) e Pretty (2000), que indicaram que a investigação destinada a melhorar a gestão da agricultura e dos recursos naturais pela população rural poderia ser mais eficaz sob uma abordagem de programa participativo. Para que as abordagens escolhidas tenham um impacto positivo, o processo deve envolver o desenvolvimento de tecnologias apropriadas e o reconhecimento e cultivo de boas práticas locais através da integração de informação sobre as percepções, prioridades e objectivos indígenas dos agricultores (Ashby *et al.*, 1995, Sperling *et al.*, 1993; Thiele, van De Fliert & Campilan, 2001). O papel dos extensionistas agrícolas é, portanto, crucial. Como enfatizado pela AgriSETA (2010) na Estratégia Nacional de Educação e Formação para a Agricultura (Estratégia AET), três áreas cruciais que giram em torno da extensão agrícola foram identificadas como:-

a. Produção agrícola: O objetivo é alargar a investigação para responder às necessidades dos pequenos agricultores e dos agricultores de subsistência, com ênfase na agricultura mista e nas competências de sustentabilidade dos meios de subsistência rurais.

b. Economia agrícola: Foi identificada uma lacuna crítica nas competências gerais em economia agrícola (abrangendo o planeamento agrícola, a gestão agrícola, a gestão de empresas, a comercialização e as finanças), sendo necessário formar tanto os agricultores como os técnicos de extensão agrícola nesses domínios, e

c. Desenvolvimento agrícola: Uma necessidade específica que identificou o desenvolvimento de agentes de extensão agrícola para apoiar especialmente os agricultores emergentes e de pequena escala em todo o espetro. Esta necessidade exige um novo currículo para a formação de novos extensionistas e a reciclagem e atualização dos funcionários existentes.

Em resultado destes factores difíceis, é necessária uma análise mais sólida da oferta e da procura de competências na PIP. É necessário efetuar avaliações em todas as cadeias de valor para determinar o papel a desempenhar pelos extensionistas agrícolas e pelos beneficiários previstos das tecnologias. Isto implica não só a atualização de competências deficientes, mas também o alinhamento destas competências com as necessidades de informação agrícola dos agricultores e a inteligência do mercado agrícola (Yusuf, Masika & Ighodaro, 2013). É, portanto, importante identificar a lacuna de capacidade dos extensionistas agrícolas juntamente com a dos agricultores, com a tentativa de criar um programa de desenvolvimento de capacidades para os dois actores nos programas PIP.

## 2.4 Avaliação dos sistemas de produção avícola autóctones na província do Cabo Oriental

Há falta de informação sobre a investigação realizada sobre a caraterização e a compreensão dos constrangimentos e oportunidades do desenvolvimento da avicultura indígena na Província do Cabo Oriental. De acordo com Muchadeyi *et al.* (2005: 333-4), a falta de informação adequada geralmente leva a dificuldades na conceção e implementação de programas que poderiam beneficiar as famílias rurais. Contudo, para estabelecer um sistema de trabalho de extensão eficiente e eficaz, é necessário compreender e analisar em profundidade o estado atual do sistema de produção avícola indígena. De acordo com Mtileni, Muchadeyi, Maiwashe, Phitsane, Halimani, Chimonyo & Dzama, (2009); e Danda, Mwamachi, Lewa & Jefa (2010), a caraterização dos sistemas de produção deve ser o primeiro passo para a realização de um estudo que possa identificar as ameaças e oportunidades para melhorias holísticas do sistema de produção avícola indígena. Okeno, Kahi & Peters (2011) apoiaram as etapas, uma vez que ajudam a compreender as práticas de produção e de gestão dos agricultores e os factores associados que são pertinentes para o desenvolvimento de estratégias melhoradas. Na realização de estudos de caraterização, Abdelqader *et al.* (2007:157) sugerem que estes devem ser realizados numa situação na exploração agrícola através da recolha de dados de base, em vez de estudos experimentais na estação. A caraterização irá aprofundar 'o quê', 'quem', 'como' e 'porquê' no rastreio de todas as fases envolvidas, desde o alojamento, alimentação, cuidados de saúde e comercialização, com vista a desenvolver uma linha de base concreta e a perceção dos agricultores no que diz respeito à criação de aves de capoeira indígenas para apoiar os meios de subsistência.

## 2.5 PIP e redução da pobreza

O crescimento económico é um antídoto para a redução da pobreza. De acordo com Riise, Permin & Kryger (2005:13), qualquer programa que vise o crescimento a favor dos pobres deve estar ancorado na obtenção de ganhos de rendimento para os pobres, promover a procura e proporcionar uma participação ativa no mercado. Para que estes objectivos sejam alcançados, os autores defendem a estimulação das actividades económicas onde os recursos pobres estão maioritariamente localizados nas comunidades rurais, e a capitalização no espaço económico onde a maioria deles procura os seus meios de subsistência, que é a agricultura. Nas economias rurais agrárias de baixo rendimento, a PIP foi identificada como desempenhando um papel significativo na segurança alimentar. A PIP é um importante sistema de produção animal que está a contribuir imenso para a redução da pobreza em muitas partes do mundo. Foram criados vários modelos para abrir vantagens económicas para os agricultores pobres em recursos que utilizam a PIP. Experiências recentes do Bangladesh, Benin, Burkina Faso, Senegal e Togo mostraram que é possível melhorar a produção avícola a nível das aldeias, tendo em consideração as economias socioeconómicas, culturais e locais (Riise *et al.* 2005:14). A introdução de um modelo na PIP implica a consideração de todos os factores associados à produção. De acordo com Riise *et al.* (2005:16), o maior desafio para melhorar a PIP a nível rural reside nos aspectos organizacionais e não nos técnicos. Os autores concluíram que as estratégias de organização da produção, ao nível da aldeia, que beneficiarão os pequenos agricultores com 5-50 galinhas, continuam a ser um grande desafio. No entanto, a experiência do modelo do Bangladesh (Ahmed, 2000) demonstrou que os produtores de PI com poucos recursos podem ser apoiados para se tornarem empresas de pequena escala bem sucedidas e ganharem uma vida modesta. De acordo com Aliber & Hart (2009:435), existem aproximadamente 3 milhões de pequenos agricultores que produzem alimentos principalmente para satisfazer as necessidades de consumo das famílias. Estes agricultores necessitarão de apoio institucional para aumentar a produção alimentar, melhorar os meios de subsistência e transformar-se em agricultura comercial. Por conseguinte, as abordagens devem ser adaptadas às situações locais (DoA) (Department of Agriculture), 2005). Numa tentativa de abordar estas questões críticas, é necessário ter em conta o que Cerdan-Infantes, Maffioli & Ubfal (2009) aconselharam, nomeadamente que os produtores têm caraterísticas diferentes, como a terra, a produtividade e a estrutura de produção, que permitem objectivos e necessidades diferentes.

## 2.6 Objetivo geral

O objetivo geral deste estudo de investigação é caraterizar os sistemas de produção avícola autóctones na Província do Cabo Oriental, analisar a capacidade de ambos os trabalhadores da extensão agrícola e desenvolver um modelo de PIP através do qual se poderia conseguir uma prestação eficaz de serviços de extensão aos agricultores. O objetivo final é sugerir intervenções políticas que possam apoiar melhor a produção avícola indígena a nível rural como um passo para a redução da pobreza.

### 2.6.1 Os objectivos específicos são os seguintes

a. Caracterizar os sistemas autóctones de produção de aves de capoeira nas zonas de estudo.

b. Determinar as competências técnicas autóctones dos agricultores (ou seja, as suas competências em matéria de métodos de alimentação, construção de aviários e métodos etno-veterinários) e analisar a capacidade dos técnicos de desenvolvimento agrícola (TDA) em matéria de PIP.

c. Analisar as opções de crescimento agrícola que podem apoiar a formação de uma componente de desenvolvimento rural mais abrangente utilizando a produção avícola autóctone.

d. Avaliar o desenvolvimento profissional do pessoal de extensão agrícola na área de estudo.

### 2.6.2 Questões de investigação

a. Quais são as caraterísticas dos sistemas autóctones de produção e gestão de aves de capoeira disponíveis para os agricultores rurais na área de estudo?

b. Quais são os actuais níveis de competências técnicas das IPF e a capacidade das ADT no que respeita à alimentação, ao alojamento e ao programa de cuidados sanitários para a produção avícola indígena?

c. Quais são as modalidades de trabalho, os pontos fortes e os pontos fracos da BPM, da RAKAI, da RIU, do Modelo do Modelo do Benim e do Projeto para o

Desenvolvimento da Avicultura

Os modelos PDAV (Villageois) em direção à PIP para a redução da pobreza nos vários países onde os modelos foram utilizados?

d. Em que medida o pessoal de extensão está qualificado para oferecer serviços de extensão sobre a produção avícola indígena?

e. Que tipo de formação em serviço deveria ser prestada ao pessoal de extensão para oferecer o apoio necessário à produção avícola indígena?

## 2.7 Importância do estudo

Este estudo tem como objetivo contribuir para o fornecimento de informações, perspectivas e recomendações essenciais e bem verificadas que apoiarão:-

a. Gestão sustentável da produção avícola autóctone na província do Cabo Oriental;

b. Aumento da produção avícola autóctone, que proporcionará aos agricultores com poucos recursos uma via para aumentar a produção, reforçar a segurança alimentar, reduzir a subnutrição, melhorar os meios de subsistência e, assim, contribuir para o objetivo global de redução da pobreza;

c. Os efeitos multiplicadores (empresas de serviços de apoio) para a comercialização da produção avícola autóctone, por exemplo, trabalhadores veterinários locais, fabricantes de alimentos para aves de capoeira, farmácias veterinárias, etc., para permitir que o sector sirva como uma via de emprego cada vez mais importante para as populações rurais

## 2.8 Resultados esperados

Após a conclusão deste estudo, esperam-se os seguintes resultados pretendidos

a. Desenvolvimento e fornecimento de uma base de dados funcional e utilizável sobre a situação atual da produção avícola indígena na zona de estudo, em termos de números e sistemas;

b. Fornecerá algumas diretrizes importantes para a conceção de intervenções de extensão adequadas para a produção avícola indígena na região;

c. Fornecerá também algumas orientações e sugestões importantes para estudos e investigações futuros, a fim de melhorar o apoio e a assistência ao sector avícola indígena não só na área de investigação, mas em todo o país.

## 2.9 Quadro concetual

As raças de galinhas necrófagas da África do Sul foram identificadas pela Unidade de Reprodução do Conselho de Investigação Agrícola (ARC) (2009) como sendo de sete raças diferentes. Estes conjuntos de raças estão bem adaptados para sobreviver em condições difíceis, com poucos factores de produção, com requisitos muito básicos de abrigo, alimentação, água e higiene. Entre estas encontram-se a Potchefstroom

Raças Koekoek, Venda, Ovambo e Naked neck (Grobbelaar, Sutherland & Molalakgotla,

2010) . A tecnologia de criação destas pequenas aves necrófagas é bem conhecida entre os agricultores e é passada de geração em geração para sustentar os seus meios de subsistência. Muitas vezes, são estes os animais que as pessoas pobres mantêm (Dolberg, 2003).

O desenvolvimento da avicultura indígena para a redução da pobreza pode ser rastreado até ao Bangladesh no início da década de 1980. O projeto avícola teve o seu ponto de partida em unidades muito pequenas de 5-10 aves adultas para iniciar um programa de desenvolvimento para mulheres rurais. O impacto positivo registado chamou a atenção da comunidade de desenvolvimento (Dolberg, 2003), que envolveu as pessoas na produção, fornecimento e serviços. Foi-lhe dado o nome de Bangladesh Poultry Model (BPM). O êxito do BPM abriu as portas a vários outros modelos adaptados a diferentes ambientes socioculturais nos países em desenvolvimento, com um impacto significativo na redução da pobreza. Entre estes, destacam-se os modelos em África, no Gana, na Tanzânia, em Moçambique, na República do Benim e em Rakai, no Uganda. No entanto, os factores de sucesso dos modelos variam de um país para outro. Por exemplo, os factores de sucesso do BPM , de acordo com Riise, Christensen, Kryger & Seeber (2005:1-10), são tecnologias simples e de baixo custo, adequadas às condições locais, interesse dos agricultores pelas aves de capoeira, conhecimentos básicos de criação e disponibilidade, fornecimento atempado e adequado de vacinas. Por outro lado, Rota, Brett, Nahar, Rahman, Ali, Sarwar & Fattah (2006:1-6) atribuíram o sucesso fundamental dos projectos de desenvolvimento avícola rural à disponibilidade de pintos do dia, que são viáveis para a produção e a baixo custo para a sustentabilidade e a viabilidade económica. Do mesmo modo, Akter & Farrington (2008: 1-13), consultores independentes no domínio da avicultura, num artigo intitulado "Sustainability of an innovation for poverty alleviation: the case of Bangladesh Poultry Model", identificaram os factores de sustentabilidade do BPM como estando associados à disponibilidade de formação, experiência, encargos familiares, limitações de espaço, acesso ao mercado, infra-estruturas e choques.

Na Tanzânia, as actividades da Research Into Use (RIU), uma organização não governamental (ONG) que ancorou a revolução da produção avícola autóctone, atribuíram os factores de sucesso às mudanças institucionais decretadas pelo governo. Algumas das mudanças em vários domínios incluem: prática de investigação; processo político; mercados e sistemas de comercialização; relevância da política e capacidade de resposta às pessoas pobres; acesso à tecnologia; acesso aos mercados de insumos e produtos; financiamento; novos padrões de parcerias; e organizações novas e existentes que desempenham novos papéis (RIU, 2011).

O termo avicultura autóctone será adotado, considerando a base de referência para estabelecer o que os agricultores têm no terreno. A análise da produção avícola indígena será feita a partir do ambiente socioeconómico e biofísico da produção, bem como do estado de saúde das aves, com considerações críticas sobre os factores de sucesso de vários modelos. Como o foco deste estudo foi a utilização de aves de capoeira indígenas para a redução da pobreza, os factores que afectam a criação de galinhas foram considerados essenciais. Por conseguinte, o modelo de Bariadi (Rural Livelihood Development Company (RLDC, 2010)) é aplicado (Figura 1) para uma compreensão mais clara. As bases sobre as quais estes factores são desenvolvidos têm um forte apoio dos seguintes factos sobre o sistema de produção

a. A natureza arriscada das condições climáticas na Província do Cabo Oriental, juntamente com a relativa escassez de água na maioria das áreas e o baixo potencial de disponibilidade de terras aráveis (Ortmann & Machethe, 2003:710), cria melhores opções para a produção avícola autóctone;
b. A produção de galinhas necrófagas não está associada ao recurso à terra, que é um dos principais desafios de produção entre os membros da comunidade com poucos recursos (Kitalyi, 1998: 81);
c. As galinhas de aldeia podem constituir um ponto de partida para o proprietário subir na 'escada da pecuária', levando à aquisição de outras espécies de animais como cabras, ovelhas, porcos e gado (Dolberg 2003: 34); e não requerem um grande capital inicial (Sonaiya & Swan, 2004: 18);
d. Os frangos de aldeia sobrevivem onde outras espécies de aves não o fariam facilmente (Copland & Alders, 2009);
e. A produção de galinhas de aldeia envolve estilos de gestão flexíveis que podem ser facilmente combinados com outras actividades agrícolas ou não agrícolas, devido à proximidade das galinhas às propriedades (Bradley, 1992: 694).

Em resumo, o projeto procura mudar a trajetória dos programas destinados a reduzir a pobreza, centrando-se na produção avícola indígena (PIA). Basicamente, a PIP é uma prática antiga dos agricultores rurais que indica a presença de competências técnicas locais. No entanto, os principais factores de sucesso a utilizar como base sólida deste projeto estarão ancorados em tecnologias simples e de baixo custo, no interesse dos agricultores na PIP, no desenvolvimento de capacidades de todos os intervenientes através das cadeias de valor, na disponibilidade atempada e adequada de insumos, numa forte rede de ligação ao mercado, num financiamento modesto através de um novo conceito de sistema cooperativo de agricultores, num novo sistema de iniciativa de parceria e no apoio institucional.

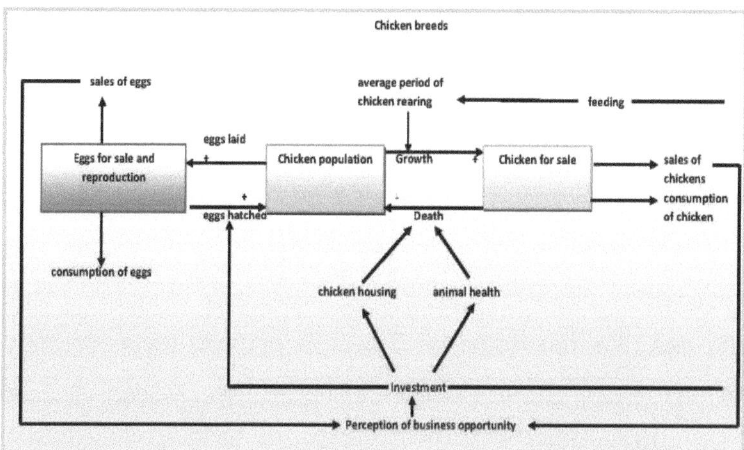


**Figura 2.1: Factores que afectam a criação de galinhas (Modelo de Bariadi) Adaptado de Rural Livelihood Development Company (2010)**

## 2.10 Organização do estudo

A motivação para o estudo é apresentada no Capítulo 1. O Capítulo 2 fornece informações de base relevantes, juntamente com a declaração do problema, os objectivos, a importância, a declaração da tese e o quadro concetual. O Capítulo 3 examina a revisão da literatura sobre a produção avícola indígena (IPP). A origem dos modelos avícolas remonta ao Bangladesh e o capítulo explora a forma como o modelo foi modificado e aplicado aos conteúdos locais nos países que o adoptaram. São também examinados os factores críticos de sucesso da PIP, que incluem competências, conhecimentos e desenvolvimento de capacidades. O Capítulo 4 aborda a conceção da investigação e os métodos utilizados na recolha de dados. Explica o processo de amostragem, a validade e a fiabilidade dos questionários e o procedimento para garantir uma recolha de dados rigorosa. É explicado o método de determinação da dimensão da amostra através da análise do poder. É também apresentada uma explicação da conceção do inquérito, um breve perfil socioeconómico da PCE, um mapa referenciado por GPS das aldeias da amostra no Município Local de Nkonkobe.

Os quatro temas que constituíam os objectivos do estudo foram apresentados utilizando a técnica de redação de artigos. Os temas estão descritos nos capítulos 5 a 8. O primeiro tema examina a caraterização dos sistemas IPP, e é apresentado no Capítulo 5. São também analisados o perfil demográfico, os factores económicos e socioculturais. O capítulo examina ainda os tipos de alojamento, o regime alimentar, o programa de cuidados sanitários, o programa de criação e a extensão da comercialização dos sistemas avícolas indígenas.

O Capítulo 6 examina as competências técnicas autóctones dos avicultores indígenas e dos técnicos de desenvolvimento agrícola, utilizando os 32 itens de competências desenvolvidos a partir da revisão da literatura. O desenvolvimento de competências é uma questão crucial para melhorar a produtividade. Os itens de competências foram agrupados em competências relacionadas com o alojamento, a alimentação, a gestão dos cuidados de saúde, a manutenção de registos e a informação sobre o mercado, e são discutidos no capítulo.

O Capítulo 7 baseia-se nos resultados da revisão da literatura sobre os modelos de aves de capoeira em algumas partes de África e da Ásia. Um aspeto importante do sucesso do projeto é a sua sustentabilidade. O conceito teórico da "teoria do sistema aberto" (OST) foi, portanto, utilizado para articular o estudo. Estes dois parâmetros constituíram a base sobre a qual se sugere um modelo de produção para o PCE.

O Capítulo 8 examina o desenvolvimento da capacidade dos recursos humanos do Departamento de Desenvolvimento Rural e Reforma Agrária (DRDAR) do distrito de Amathole. O estudo examina o distrito de Amathole a fim de garantir uma amostra representativa dos técnicos de desenvolvimento agrícola (TDAs). O desenvolvimento de capacidades engloba o desenvolvimento de recursos humanos (DRH) como uma parte essencial do desenvolvimento. De acordo com este conceito, a educação e a formação estão no centro dos esforços de desenvolvimento e, sem o DRH, a maioria das intervenções de desenvolvimento serão ineficazes. As modalidades e os programas de desenvolvimento de capacidades do departamento são examinados e registados no capítulo. O valor central do desenvolvimento de capacidades consiste em melhorar os conhecimentos, as competências e a compreensão e em desenvolver as atitudes necessárias para que os ADTs efectuem a mudança de desenvolvimento desejada no PIP da PCE. O Capítulo 9 apresenta o resumo, bem como as conclusões e recomendações. São também propostas direcções para investigação futura com base nesta tese.

# CAPÍTULO 3

# REVISÃO DA LITERATURA

## 3.1 Introdução

A civilização da humanidade começou com a domesticação do gado (Sharma, 2007), que desempenha um papel fundamental nos meios de subsistência das massas rurais nos países em desenvolvimento. As galinhas são domesticadas há milhares de anos. As provas arqueológicas sugerem que as galinhas domesticadas existiam na China há 11.000 anos (Alders 2004:11). As galinhas domesticadas apareceram em África há muitos séculos (Copland & Alders, 2009), tornando-as uma parte estabelecida da vida africana. A criação de galinhas é importante para os habitantes das zonas rurais como aves de limpeza na Ásia (FAO, 2003; Islam & Jabbar, 2005) e na América Latina (Mallia, 1999; Kyvsgaard, 2007). Em África, existem cerca de 800 milhões de galinhas (Dube, Zindi, Mbanga & Dube, 2010: 911). No entanto, o sistema de criação é maioritariamente ao ar livre, com uma taxa de mortalidade dos pintos entre 80-90% no primeiro ano de incubação (Kelly, Chitauro, Rohde, Rukwava, Majok & Davelaar, 1994; Permin, Riise, Kryger, Assoumane & Schou, 2004).

Durante muitas décadas, os meios de subsistência das famílias pobres em recursos eram mais sinónimos de criação de aves de capoeira autóctones do que de qualquer outra espécie de gado de grande porte, como ovelhas, cabras e gado bovino (Copland & Alders, 2005). De acordo com Gueye (2000:130); Riise, Permin, Larsen & Idi (2004: 16), 85% dos agregados familiares rurais na África Subsaariana (ASS) criam galinhas ou outros tipos de aves de capoeira. O estilo de produção comum às galinhas das aldeias de recolha inclui alojamento e alimentação deficientes e programas de controlo sanitário deficientes (Awuni, 1989; RLDC, 2010). Como resultado, as galinhas locais são confrontadas com um fraco desempenho reprodutivo, baixas taxas de crescimento, doenças, mortalidade e predação (Salum, Mtambuki & Mulangila, 2002; Conroy, Sparks, Chandrasekaran, Sharma, Shindey, Singh, Natarajan & Anitha, 2005). No entanto, a produção tradicional destes frangos de limpeza tem sido capaz de fornecer mais de 70% dos produtos de frango e 20% da ingestão de proteínas animais da maioria dos habitantes rurais africanos (Kitayi, 1998: 81). São maioritariamente propriedade de mulheres e geridas por mulheres e crianças (Yakubu, 2010). Embora as aves indígenas tenham uma baixa produtividade, estão mais adaptadas às condições climáticas desfavoráveis, nomeadamente ao calor tropical extremo (Yakubu, 2010). Do ponto de vista económico, as aves fornecem proteínas animais sob a forma de carne e ovos e podem ser vendidas ou trocadas por outras necessidades essenciais da família e por pequenos montantes (Sonaiya & Swan, 2005; Dube *et al.* 2010). O objetivo da criação é principalmente para consumo doméstico, ou como presentes e para fins religiosos (Sonaiya, 2004: 525). Para além de serem fontes de segurança alimentar, as galinhas de aldeia desempenham um papel ativo no controlo de pragas (Kelly *et al.* 1994: 626) e estão prontamente disponíveis para cerimónias e festivais tradicionais (Muchadeyi *et al.* 2004). De acordo com Dube *et al.* (2010: 913), as galinhas de aldeia também desempenham uma série de papéis importantes na subsistência dos agricultores pobres em recursos, aos quais é difícil atribuir qualquer valor monetário. O sistema de produção é maioritariamente ao ar livre, caracterizado por uma propriedade familiar em que as aves são deixadas à procura de alimentos para satisfazer as suas necessidades nutricionais. O alojamento pode não ser fornecido (Huchzermeyer, 1973, Kuit *et al.* 1986, Atunbi & Sonaiya, 1994), e quando é fornecido, é normalmente feito de materiais locais (Atunbi & Sonaiya, 1994:7). As galinhas necrófagas não têm programas regulares de controlo sanitário (Awuni, 1989) e, como resultado, as galinhas locais são confrontadas com um fraco desempenho reprodutivo, baixas taxas de crescimento, doenças, elevada mortalidade e predação (Salum *et al.* 2002; Conroy *et al.* 2005). Apesar dos numerosos desafios, Roberts & Gunaratne (1992); Sonaiya & Swan (2005) confirmaram que as pequenas famílias de agricultores, os trabalhadores sem terra e as pessoas com rendimentos abaixo do limiar de pobreza eram capazes de criar aves da aldeia com poucos factores de produção e colhiam os benefícios dos ovos e da carne através da recolha de recursos alimentares.

Os programas de desenvolvimento de galinhas rurais começaram na década de 1950 em África (Fermet-Quinet, 2005: 57), com uma tentativa de melhorar a configuração genética para aumentar a produção, melhorar a alimentação, o abrigo e a comercialização. A avicultura é especialmente apreciada pelas populações rurais devido ao seu potencial para proporcionar um rendimento suplementar no mais curto espaço de tempo possível, à sua simplicidade de funcionamento e ao facto de não exigir demasiados recursos (Iqbaluddin, 1998). De acordo com Riise *et al.* (2004:16) os sistemas de produção de aves de capoeira baseados nas aldeias são classificados em três categorias diferentes que incluem os sistemas tradicionais de criação ao ar livre, os sistemas melhorados de criação ao ar livre e os sistemas de criação confinada em pequena escala (Quadro 3.1).

As galinhas de aldeia constituem um sistema flexível de produção animal que se encontra disseminado na maioria dos países africanos e asiáticos (Alders 2004; Copland & Alders, 2005). Quando se consideram as questões agro-ecológicas e a demografia da população humana, os frangos de aldeia são muitas vezes considerados como um recurso existente cuja produtividade pode ser aumentada com apenas um modesto contributo (Copland & Alders, 2009). Os sistemas de criação de galinhas nas aldeias não requerem grandes investimentos para serem iniciados ou mantidos (Alders & Spradbrow, 2001; Alders, 2004), ao contrário da produção comercial de aves de capoeira, que requer grandes investimentos de capital, competências técnicas consideráveis e mercados sofisticados (Copland & Alders, 2009). As galinhas da aldeia podem ser o ponto de partida para o proprietário subir a 'escada da pecuária', levando-o a possuir outras espécies de animais, como cabras e gado. Isto permite uma progressão de actividades económicas crescentes para que as pessoas mais pobres possam melhorar a sua situação (Dolberg, 2003). No entanto, a avicultura rural não tem uma classificação elevada na corrente principal das economias nacionais devido à falta de indicadores mensuráveis (Awuni, 1989). No entanto, Mapiye *et al.* (2008: 1684) atribuíram os baixos rendimentos da produção de galinhas de aldeia nas zonas rurais à insuficiência de investigação rigorosa e de ação, à utilização de modelos económicos inadequados para medir a produção e os rendimentos financeiros e à não consideração de todas as utilizações. Além disso, a não inclusão das múltiplas produções não monetárias das galinhas, tais como o estrume, os fins tradicionais, o consumo doméstico, as obrigações sociais e o estatuto nos modelos de subsistência, criou o não reconhecimento por parte do pessoal da extensão agrícola e dos decisores políticos.

**Tabela 3.1: Sistemas de produção de aves de capoeira baseados nas aldeias**

| | Traditional free-range (1-10 birds) Low input/low output | Improved free-range (5 – 50 birds) Low input/low output | Small- scale confined (50-200 birds) High input/ high output |
|---|---|---|---|
| Prevalence | Majority of rural families | Moderate number of rural families | Few rural families |
| Ownership | Owned mostly by women | Owned by women and family | Business men |
| Consumption | Home consumption | Home consumption and sale on local markets | Business income |
| Income focus | Small cash income | Family income | Credit based on assets |
| Social focus | Social and cultural importance (gifts, religious) | Social importance Micro-credit | Little social importance |
| Types of breeds | Indigenous breeds | Indigenous/ improved breeds | Hybrids (broilers or layers) |
| Mortality rate | High mortality | Moderate mortality | Low mortality |
| Feeding regime | No feeding (scavenging) | Local feeds (semi-scavenging) | Balanced feeds |
| Vaccination program | No vaccination | Newcastle Disease vaccination | Several vaccination schemes |
| Medication program | No medication | Little medication/local remedies | Full medication |
| Housing program | No housing | Simple housing | Houses with cages or deep litter |
| Production | Egg production: 30-50 eggs/year/hen | Egg production: 50-150 eggs/year/hen | Egg production:250-300 eggs/year/hen |
| Brooding characteristics | Long broody periods | Short broody periods | No broodiness |
| Growth rate | Growth rate = 5-10 g/day | Growth rate = 10-20 g/day | Growth rate =50-55 g/day |

Adaptado de Riise *et al.* (2004)

Os autores concluíram que, devido ao facto de os produtos avícolas autóctones serem consumidos principalmente pelas famílias de agricultores sem passarem pelos mercados formais, os investigadores e os decisores políticos não apreciam a contribuição significativa desses produtos.

Os níveis de produção das aves de capoeira rurais em muitos países africanos ficam muito aquém dos níveis desejáveis, enquanto os resultados em termos de ganho de peso e o número de ovos por galinha por ano são muito baixos, juntamente com elevadas taxas de mortalidade (Matthewman, 1977; Sonaiya, Branckaert & Gueye, 1999). De acordo com Sarkar & Golam (2009: 257) , o mau estado da produção foi atribuído às múltiplas funções desempenhadas pelas aves de capoeira indígenas. Os autores afirmam que as aves de capoeira autóctones põem ovos, chocam os pintos, criam os ovos e cuidam dos pintos. Estas múltiplas funções impediram as aves de capoeira autóctones de realizar todo o seu potencial de produção de ovos (Sarkar & Bell, 2006). Apesar de todos estes desafios, as galinhas de aldeia continuam a desempenhar um papel significativo na economia nacional dos países em desenvolvimento, contribuindo para melhorar o estado nutricional e o rendimento de muitos pequenos agricultores e comunidades sem terra.

## 3.2 Importância e contributos das galinhas de aldeia para a segurança alimentar dos agregados familiares

### 3.2.1 Baixa necessidade de mão de obra

As galinhas de aldeia são muito adequadas para agregados familiares chefiados por mulheres (cujo número pode aumentar devido a guerras/perturbações civis e ao VIH/SIDA), pois estas podem gerir e proteger satisfatoriamente os seus bens avícolas (Copland & Alders, 2005; IRPC, 2005).

### 3.2.2 Fornecimento de uma alimentação de qualidade

As galinhas da aldeia são fontes de carne e de ovos de galinha baratos e facilmente colhíveis, enriquecidos com proteínas, e estão também disponíveis para consumo doméstico imediato e, por vezes, são convertidas em fonte de rendimento (Dolberg & Petersen, 2000; Mapiye & Sibanda, 2005; Miao, Glatz, & Ru, 2005; Copland & Alders, 2005). O tamanho de uma ave é suficiente para uma família e não é necessária uma cadeia de frio para a conservação dos "restos". As galinhas da aldeia sobrevivem onde outras espécies de aves de capoeira não o fariam facilmente (Copland & Alders, 2009).

### 3.2.3 Geração de rendimentos

As galinhas da aldeia proporcionam rendimentos para actividades familiares como a educação, a saúde e o vestuário. De acordo com Mapiye *et al.* (2008:1683), as galinhas de aldeia são bancos de reserva ou amortecedores para acesso imediato a dinheiro líquido para o pagamento de propinas escolares, despesas médicas, impostos da aldeia e outras incertezas. A medida em que as galinhas são utilizadas como amortecedores ou bancos depende do estatuto socioeconómico de cada família rural (Julian, 1992; Muchadeyi *et al.* 2004). As galinhas das aldeias têm sempre um preço superior ao das aves comerciais e existe uma grande procura no mercado de produtos de galinhas das aldeias (Copland & Alders, 2009). As galinhas e os ovos de melhor qualidade provêm deste sector, que são vendidos a um preço de mercado superior.

### 3.2.4 Sensibilidade às questões de género

O maneio das galinhas das aldeias é geralmente distorcido em função do género, a favor das mulheres e das crianças que são proprietárias das galinhas e que, na maioria das vezes, constituem um pilar essencial da segurança alimentar dos agregados familiares chefiados por mulheres (Gueye, 2000; Bagnol, 2001).

### 3.2.5 Impacto ambiental reduzido

Em comparação com as aves comerciais e os ruminantes, as galinhas de aldeia são mais neutras do ponto de vista ambiental (Alders & Spradbrow, 2001). Estão bem adaptadas a zonas remotas onde os mercados são limitados. Por exemplo, Gueye (2000: 131) indica que as aves de capoeira têm uma função mística no Senegal e os agricultores acreditam que os maus espíritos que afectam a família podem ser desviados para as galinhas. Como resultado, as aves escolhidas apresentam frequentemente sintomas neurológicos. O autor indicou ainda que as galinhas desempenham uma função de higiene, pois alimentam-se de resíduos domésticos, minhocas e insectos. Estes são devolvidos ao solo sob a forma de estrume.

### 3.2.6 Robusto e ágil

As galinhas de aldeia sobrevivem melhor a catástrofes naturais, tais como inundações e incêndios. Alders & Spradbrow (2001: 59) explicaram que as galinhas das aldeias podem voar e correr para escapar às catástrofes e aos predadores, ao contrário das aves comerciais, que não têm essa agilidade.

### 3.2.7 Vida cultural e social

Considera-se que as galinhas da aldeia desempenham um papel importante através da sua contribuição para a vida cultural e social dos pequenos agricultores que são, na sua maioria, pobres em recursos (Dolberg & Petersen, 2000; Pedersen, 2002). Nalguns casos, os agricultores oferecem aves e ovos como presentes a visitantes e familiares, e como capital de arranque para jovens e mulheres recém-casadas, bem como um sinal de apreço pelos serviços prestados (Kusina & Kusina, 1999).

**Quadro 3.2: Comparação entre galinhas de aldeia e galinhas comerciais**

| Feature | Village chickens | Commercial chickens |
|---|---|---|
| Labor | Inputs minimal | Considerable |
| Housing | Trees; chicken houses of local material; Inexpensive | Chicken unit using conventional materials; Expensive |
| Nutrition | Scavenging feed resource base, leftover food, cereals, no supplements; inexpensive | Balanced commercial ration; expensive |
| Water | Well water, used water, natural sources | Clean water supply essential |
| Production | Low; could improve with better nutrition, | disease control and shelter from predators High; but requires a high level of inputs |
| Meat quality | Little fat; pleasant flavor; preferred texture | More fat; less flavor; poorer texture |
| Adaptability | Good: good flight skills, more likely to escape predators, can scavenge for own food | Limited: poor flight skills, easily caught by predators, less skilled at scavenging |
| Veterinary inputs | None; Newcastle disease vaccination; highly pathogenic avian influenza and fowl cholera vaccination in some countries | Control of many viral, bacterial and parasitic diseases essential for efficient production |
| Environmental impact | Minimal: can be positive through provision of organic fertilizer and pest control | Negative: intensive production of cereals for rations; occasional improper use of antibiotics, excess ammonia production |

Adaptado de Copland & Alders (2009)

## 3.3 Pobreza

A pobreza continua a ser um tema de discussão na economia da África do Sul devido ao seu impacto negativo.

Desde 1994, quando o país se tornou democrático, foram adoptadas várias iniciativas e políticas e foram dados passos no sentido da redução da pobreza. A pobreza, de acordo com a descrição da Província do Cabo Oriental (ECP) (2009: 14), é "a incapacidade dos indivíduos, agregados familiares ou comunidades de disporem de recursos suficientes para satisfazerem um nível de vida mínimo socialmente aceitável. É mais do que uma mera insuficiência de rendimentos. Inclui a falta de oportunidades, a falta de acesso a activos, bem como a exclusão social". A ECP, através de debates organizados sobre a pobreza nos 11 Municípios mais pobres da Província em 2009, revelou que os grupos mais vulneráveis à pobreza são:

**a.** Pessoas idosas;

**b.** Os desempregados - principalmente os jovens com baixos níveis de educação;

**c.** Crianças - principalmente as que cresceram em famílias pobres;

**d.** Mulheres - especialmente as famílias monoparentais e, em particular, as mulheres negras e as discriminadas com base no género;

**e.** Pessoas com deficiência - sobretudo deficientes físicos;

**f.** Pessoas que vivem em zonas pobres, predominantemente instaladas nas regiões do antigo Bantustão, em aglomerações informais e em bairros historicamente negros.

A pobreza é um desafio ao desenvolvimento (Eneh, 2011: 2), e a sua presença em qualquer lugar é uma ameaça ao desenvolvimento em todo o lado. Manifesta-se na carência e na negação dos agregados familiares, no desemprego, no analfabetismo, nas crises de água e saneamento, nos serviços médicos inadequados, no fraco bem-estar e saúde das crianças e nas questões de género. De acordo com Sharma (2007: 36), a pobreza é uma das principais causas da insegurança alimentar e dos conflitos civis. Constitui igualmente um obstáculo à realização de um desenvolvimento económico e social sustentável. Caracteriza-se por grandes desigualdades na distribuição da riqueza entre as zonas rurais e urbanas, o que limita o crescimento dos mercados internos e contribui para a estagnação da agricultura. Mas, seja qual for a forma como a pobreza é abordada, a necessidade de a reduzir é claramente entendida por todo o mundo. Isto tornou-se realidade em setembro de 2000, quando a maior reunião de sempre de líderes mundiais aprovou a Declaração do Milénio por 189 países. A erradicação da pobreza extrema e da fome foi o primeiro Objetivo de Desenvolvimento do Milénio (ODM1).

Uma proporção significativamente grande da população da África do Sul (43%) ainda vive mais ou menos permanentemente em zonas rurais (Jacobs & Hart, 2012: 5). A África do Sul regista elevados níveis de pobreza, especialmente nas zonas rurais, onde residem cerca de 70 % das pessoas pobres (StatsSA, 2003). O desafio da pobreza é, antes de mais, um fenómeno rural, com uma esmagadora maioria de pequenos proprietários (Department of Agriculture, Forestry and Fisheries (DAFF),

2011). Estudos realizados na África do Sul por Aliber (2005, 2009 citado em Baiphethi & Jacobs, 2009:466) mostraram que o número de agregados familiares que se dedicam à agricultura de subsistência como principal fonte de alimentação e de rendimento está a diminuir, ao passo que se regista um aumento do número de agregados familiares que se dedicam à produção de subsistência como fonte suplementar de alimentos. A mudança de paradigma na atividade agrícola indica a vontade de comercializar a agricultura. No entanto, como já foi referido, a falta de competências dos agricultores continua a ser um desafio difícil.

Os esforços holísticos do governo são notados em todas as esferas de intervenção humana para a redução da pobreza. Entre as iniciativas de intervenção, destaca-se a utilização da agricultura para combater a pobreza. A agricultura foi identificada como um sector estratégico que poderia enfrentar os múltiplos desafios para alcançar o objetivo geral de crescimento económico, criar riqueza e emprego, reduzir a pobreza e alcançar a segurança alimentar nacional.

### g. 3.1 Agricultura e redução da pobreza

A agricultura continua a ser a atividade económica dominante na África Subsariana. De acordo com o relatório do Banco Mundial (2007 citado em Raabe, 2008: 2), a agricultura representa 40% do PIB africano, 15% das exportações e 60-80% do emprego. No entanto, Cervantes-Godo & Dewbre (2010: 4) afirmam que uma grande parte da população africana que depende da agricultura para viver continua a ser mais pobre do que os que trabalham nos sectores não agrícolas da economia. Além disso, a parceria entre a Direção-Geral de Cooperação Internacional dos Países Baixos e a Universidade de Wageningen (DGIS-Wageningen UR) (2013: 8) para o desenvolvimento a favor dos pobres, numa proposta intitulada "Globalização e Desenvolvimento Rural Sustentável", afirmava que "mais de três quartos da população africana vive em zonas rurais, a maioria dependente da agricultura de pequena escala (culturas, pecuária e sistemas mistos) em condições de degradação dos recursos naturais, incluindo a água e a biodiversidade".

Noutros locais, há provas empíricas de onde a agricultura tem sido utilizada para reduzir a pobreza. Por exemplo, um documento produzido pelo Departamento para o Desenvolvimento Internacional (DFID) (2004 citado em Cervantes-Godo & Dewbre, 2010:6) mostra uma correlação historicamente estreita entre as diferentes taxas de redução da pobreza ao longo dos últimos 40 anos e as diferenças no desempenho agrícola - particularmente a taxa de crescimento da produtividade agrícola. Os autores identificaram quatro mecanismos de transmissão que se baseiam numa taxa de crescimento da agricultura. São eles: "a) o impacto direto da melhoria do desempenho agrícola nos rendimentos rurais; b) o impacto de alimentos mais baratos tanto para os pobres urbanos como para os pobres rurais; c) a contribuição da agricultura para o crescimento e a criação de oportunidades económicas no sector não agrícola; e d) o papel fundamental da agricultura no estímulo e na manutenção da transição económica, à medida que os países (e os meios de subsistência das pessoas pobres) deixam de ser essencialmente agrícolas e passam a ter uma base mais ampla de produção e serviços". Na África Subsariana e sobretudo nos países asiáticos, Haggblade, Hazell e Reardon (2007) documentaram a existência de efeitos multiplicadores positivos da agricultura para o sector não agrícola. A revolução verde dos países asiáticos nas décadas de 1970 e 1980 provou efetivamente o impacto da agricultura na redução da pobreza, uma vez que se tornou o motor de crescimento do sector industrial. A agricultura continua a ser uma panaceia para a redução da pobreza e o desenvolvimento rural em África. De acordo com Christiaensen, Demery & Kuhl (2011), a agricultura continua a ser a atividade de sobrevivência da maioria das pessoas pobres nos países em desenvolvimento. O crescimento da agricultura tem sido descrito como tendo o poder de reduzir a pobreza na maioria das economias baseadas na agricultura (Salami, Kamara &

Brixiova, 2010). De acordo com o Banco Mundial (2008), a expansão dos sistemas de pequena agricultura através do aumento dos rendimentos e da redução das despesas alimentares reduzirá a desigualdade de rendimentos. Ravallion (2001) também afirmou que um aumento de 2% do rendimento médio das famílias conduz a uma redução das taxas de pobreza em cerca de 4%, em média. Em conformidade com esta afirmação, o Relatório sobre o Desenvolvimento Mundial de 2008 observou que o crescimento do PIB proveniente da agricultura é cerca de quatro vezes mais eficaz na redução da pobreza do que o crescimento do PIB proveniente de outros sectores não agrícolas (Banco Mundial, 2008).

Consequentemente, tem sido defendido um esforço concertado no sentido de reformular as políticas e aumentar o investimento na agricultura, o que promoverá um crescimento "pró-pobre" ou "partilhado", com impacto na redução da pobreza (Kraay, 2006: 201). A intenção é que a maioria das pessoas pobres que vivem nas zonas rurais e dependem da agricultura (Banco Mundial, 2007) beneficiem mais da melhoria dos seus meios de subsistência. No entanto, existem outros argumentos contrários, segundo os quais o desenvolvimento agrícola não beneficiará os pobres, mas apenas os grandes agricultores, particularmente em África (Maxwell, 2004; Collier & Dercon, 2009). A esperança nunca foi perdida, pois outros autores argumentaram que os benefícios poderiam vir através do mercado de trabalho indireto e da expansão do emprego em sectores de agro-exportação não tradicionais (Anriquez & Lopez, 2007; Maetens & Swinnen, 2009).

### h. 3.2 A extensão agrícola na vida dos pequenos agricultores

O sector agrícola no mundo em desenvolvimento está a mudar rapidamente e é impulsionado por uma série de factores externos e globais. Os desafios que o sector enfrenta são cada vez maiores e mais complexos. Consequentemente, as exigências colocadas aos serviços de extensão, que têm um papel crucial a desempenhar na promoção da inovação agrícola para acompanhar o ritmo do contexto em mudança e melhorar os meios de subsistência das populações pobres dependentes, também aumentaram muito (Anandajayasekeram, Puskur,

Sinduworkneh & Hoekstra, 2008:13). O bem-estar da população rural está invariavelmente ligado ao desempenho do sector agrícola e à sua capacidade de fazer face aos desafios resultantes do aumento das pressões populacionais, da evolução da procura de alimentos e produtos agrícolas, da escassez de recursos, das alterações climáticas e de uma maior incerteza na produção (Raabe, 2008). O Relatório sobre o Desenvolvimento Mundial de 2008 (Banco Mundial, 2007 citado em Raabe, 2008:7) enfatiza a extensão agrícola como uma importante intervenção de desenvolvimento (a) para aumentar o potencial de crescimento do sector agrícola à luz das crescentes pressões do lado da procura e da oferta, e (b) para promover o desenvolvimento agrícola sustentável, inclusivo e a favor dos pobres e, consequentemente, o desenvolvimento económico. A África do Sul (SA) ainda não superou alguns dos desafios que se colocam aos pequenos agricultores. Há desafios relacionados com a prestação inadequada de serviços de extensão e o desenvolvimento de capacidades que os poderiam fazer sair da pobreza. Estes pequenos agricultores residem em zonas rurais e ainda dependem largamente de actividades agrícolas primárias como a sua principal estratégia de subsistência. De acordo com Takenaka (2006), os serviços de extensão agrícola não conseguiram melhorar a vida dos pequenos agricultores rurais por várias razões, que podem incluir, entre outras, a sua fraca estrutura organizacional, incentivos insuficientes para os extensionistas, fraca participação dos grupos-alvo e falta de comunicação entre investigadores, decisores políticos e extensionistas. Esta situação foi bem captada por Worth (2008), segundo o qual o desenvolvimento e a extensão agrícola para os pequenos agricultores parecem ter-se centrado na transferência de tecnologia em torno da produção primária sem referência adequada a algumas questões cruciais relevantes para os agricultores e utilizadores da terra. As estatísticas do Departamento Nacional de Agricultura (2002) mostraram que cerca de 80% do pessoal da extensão não está qualificado para o trabalho e isto tem um impacto negativo na sua capacidade de fornecer informação técnica. Para além disso, o rácio entre os agentes da extensão e os agricultores, de acordo com Shao *et al.* (2004: 595) é de 1:1500, o que é demasiado elevado para que os agentes da extensão possam prestar serviços de qualidade no que diz respeito à formação dos agricultores, visitas de campo e outros serviços. Estes desafios impediram em grande medida o sistema de extensão de responder adequadamente e de forma reactiva às necessidades dos pequenos agricultores.

Os pequenos agricultores, por outro lado, não são desprovidos de conhecimentos ou de competências agrícolas. A sua capacidade de produzir alimentos, fibras e combustível requer um maior desenvolvimento face aos desafios emergentes nas actividades e gestão agrícolas. Assim, os serviços de extensão têm o desafio crucial de enfrentar estes desafios da forma mais pragmática possível. O pessoal da extensão tem que estar adequadamente equipado com conhecimentos, a atitude correta, e informação técnica para uma prestação eficaz da extensão. Os sistemas de extensão agrícola da África do Sul estão em transição, tendo saído de um sistema que ignorava largamente os agricultores de subsistência. A nova agenda dos programas de extensão, de acordo com o Banco Mundial (2002), requer uma mudança de paradigma da produção agrícola para os serviços relacionados com a comercialização, conservação ambiental, redução da pobreza e actividades não agrícolas. Assim, a nova agenda coloca uma enorme tarefa sobre o sistema de extensão agrícola da África do Sul para o desenvolvimento de uma nova abordagem, centrada nos agricultores de subsistência. A nova abordagem requer um reexame, uma reprogramação, uma reformulação e uma reorientação, a fim de fazer face à pobreza rural.

Uma análise crítica dos serviços de extensão em todo o mundo indica que existe uma margem considerável para incluir o desenvolvimento rural. Infelizmente, os sistemas tradicionais de extensão ainda são comuns. Os processos essenciais de atualização do pessoal e recrutamento de novos funcionários não são suficientemente rápidos e têm dificultado o seu impacto. A ênfase numa abordagem holística do desenvolvimento rural está a pôr em causa as funções tradicionais da extensão, como a formação dos agricultores, a divulgação de tecnologias, o aumento da escala e a ligação ao mercado. Embora o âmbito do trabalho dos extensionistas se tenha alargado significativamente desde 1994 na África do Sul, Vink & Rooyen (2009) explicaram que os serviços de extensão criaram uma mudança significativa no foco do cliente. Esta mudança exigiu que o pessoal desempenhasse novos papéis, incluindo o desenvolvimento institucional para os pequenos agricultores, ajudando-os a ter acesso ao financiamento e a outros requisitos de produção, a comercializar os seus produtos, e a ter acesso à segunda economia, aos projectos de apoio do governo, como as cooperativas, a reforma agrária, a segurança alimentar e o cuidado da terra.

No entanto, a prestação de serviços de extensão agrícola na África do Sul ainda está atolada em desafios, apesar da nova abordagem de extensão programada participativa (PPEA). Por exemplo, Akpalu, (2013) relatou a fraca prestação de serviços de extensão aos pequenos agricultores num estudo de caso de Thorndale na Província do Limpopo, África do Sul. O autor explicou que o contacto entre os agricultores e os extensionistas se limitou a instruções verbais, em vez de demonstrações, inovações e orientações práticas para os agricultores. Além disso, foi relatada uma escassez aguda de pessoal de extensão com as competências adequadas na África do Sul, uma vez que apenas 20% do pessoal de extensão possuía o espetro de competências genéricas adequadas consideradas necessárias para um desempenho eficaz (DAFF, 2008). Esta falta de competência técnica pode ser a razão para uma prestação de serviços deficiente e insuficiente. De acordo com Akpalu, (2013: 8038) os extensionistas e os sistemas carecem muitas vezes de supervisão no terreno por parte do pessoal de gestão, incluindo incentivos inadequados para um bom desempenho, que muitas vezes resultam em baixa produtividade e baixa moral. O papel dos serviços de extensão agrícola, de acordo com Glendenning, Babu & Asenso-Okyere (2010), é facilitar a resolução de problemas, criar ligações essenciais de mercado com outros actores da cadeia de valor agrícola e proporcionar acesso à informação, competências e tecnologias. Nos domínios da agricultura, autores como Feder, Willett & Zijp (2001) e David (2008) colocam o agricultor no centro das atenções, juntamente com as empresas agro-industriais, os extensionistas, os investigadores, os formadores e os educadores. Para criar uma comunicação eficaz, portanto, vários autores (van Veldhuizen, Waters-Bayer & de Zeewu, 1997; Machethe & Mollel, 2000; Adhiguru, Birthal, & Kumar, 2009; Glendenning, Babu & Asenso-Okyere, 2010; Akpalu, 2013) identificaram um fluxo de comunicação bidirecional em que os problemas fluem dos agricultores e das empresas agro-industriais para os extensionistas e investigadores, que, em contrapartida, ajudam a resolver os problemas e transmitem as soluções às partes interessadas acima mencionadas. Os serviços de extensão na agricultura são, por conseguinte, indispensáveis e têm por objetivo melhorar a produção e a transformação, o fluxo de informação e a transferência de conhecimentos e descobertas científicas para os agricultores (Zivkovic, Jelic & Rajic, 2009). Neste contexto, o pessoal da extensão agrícola tem de ser competente em matéria de conhecimentos agrícolas, para comunicar eficazmente com os produtores e estimular a clientela da extensão agrícola a adquirir novos conhecimentos e competências.

### 3.4 O papel dos sistemas avícolas dos pequenos agricultores

No Bangladesh, onde uma grande parte da população rural não tem terra ou é pobre, a avicultura familiar tem sido utilizada de forma eficaz para reduzir a pobreza através de vários projectos que utilizaram o chamado modelo de avicultura semi-colectiva para pequenos agricultores. Alam

(1997) mostrou que, entre os beneficiários de um desses projectos, denominado Smallholder Livestock Development Project, o rendimento mensal aumentou 3,19 dólares e as poupanças totais 27 dólares, ao mesmo tempo que o consumo de ovos, frango, carne e leite também aumentou. O Bangladesh desenvolveu com êxito um modelo denominado "Small Farming Poultry Development Model", popularmente conhecido como "Bangladesh Model". Este modelo tem por objetivo melhorar a produtividade das galinhas autóctones através do fornecimento de aves com uma produtividade melhorada, da suplementação da recolha de alimentos com ração, da formação dos aldeões, de crédito mais barato concedido por bancos rurais locais e do envolvimento de ONG e de SHG (Sharma, Barnerjee, Singh & Singh, 2001).

A China conservou com êxito a maior parte do seu germoplasma avícola autóctone e conseguiu melhorar consideravelmente a sua produtividade, duplicando-a de uma escassa produção de 60 ovos para 120 ovos por ano (Sharma, 2007). A China é também um dos maiores produtores de ovos e carne de galinha do mundo, 80% dos quais provêm de aves de capoeira familiares.

Segundo as estimativas realizadas na Índia, 10 galinhas nativas podem proporcionar o mesmo rendimento que uma mulher ganha com um dia de trabalho e esta pode ficar em casa e cuidar dos filhos e de outras actividades domésticas sem afetar o rendimento familiar (Banerjee & Sharma, 1998: 506). Requer menos capital, tem uma aceitabilidade mais alargada e dá retornos rápidos e, por conseguinte, mais colheitas por unidade de tempo.

## 3.5 Programas de desenvolvimento de competências para a produção avícola autóctone

A competência é um dos elementos essenciais que contribuem para a prosperidade das nações e para uma vida melhor para os indivíduos. Para a sociedade, as competências representam uma componente importante da sua produtividade, competitividade e inovação. De acordo com o Banco Mundial (2004), as competências são um meio importante para aumentar os rendimentos e os meios de subsistência sustentáveis dos pobres. O desenvolvimento de competências, de acordo com a Organização das Nações Unidas para a Alimentação e a Agricultura (FAO) (2010:1), e um resumo de políticas preparado por Eskola & Gasperini, (2010), "é fundamental para melhorar a produtividade rural, a empregabilidade e as oportunidades de obtenção de rendimentos, reforçando a segurança alimentar e promovendo o desenvolvimento rural ambientalmente sustentável e os meios de subsistência". Uma empresa agrícola bem-sucedida exige que os agricultores estejam equipados com novos conhecimentos, aptidões e competências, mesmo no nível "baixo" do espetro de competências dos empregos (Williams, Packham, Thomas & Thompson, 2010).

## 3.6 Formação e desenvolvimento de competências

A formação é uma componente importante do desenvolvimento dos recursos humanos (DRH), que contribui para os esforços gerais de aprendizagem e desenvolvimento (Walton, 1999). A formação e o desenvolvimento de competências foram identificados como um passo importante para a erradicação da pobreza na região da África Subsariana (Sydhagen & Cunningham, 2007). A história de sucesso da utilização da PIP na erradicação da pobreza esteve ligada à formação, às competências e ao desenvolvimento das capacidades de todas as partes interessadas, que são principalmente os agricultores e o pessoal da extensão.

## 3.7 Melhoria das competências dos pequenos agricultores

A formação de competências foi a base do sucesso do modelo avícola do Bangladesh. De acordo com Huque (1996), os programas de formação têm os seguintes componentes

1. Formação de grupos de IPFs: baseou-se no interesse, nas necessidades do titular e no seu nível de formação social e educacional.

   O programa de formação foi baseado em:

   a. Formação teórica sobre a produção de aves de capoeira e a gestão dos cuidados sanitários, juntamente com conhecimentos práticos;

   b. Formação funcional a nível da exploração, envolvendo todas as fases da produção avícola até à fase final;

   c. A fim de melhorar as competências e as práticas de gestão dos criadores de aves de capoeira, são organizadas formações de reciclagem a determinados intervalos, em função dos problemas com que se deparam.

2. Demonstração: Demonstrações em cada etapa da cadeia de produção, juntamente com os seus benefícios económicos e sistemas de produção sustentáveis.

3. Reuniões de grupo: Reuniões de grupo entre os IPFs com o funcionário técnico. Visitas organizadas a explorações agrícolas: Visitas regulares a explorações agrícolas em grupo com os membros das IPFs às explorações avícolas vizinhas/explorações de demonstração.

4. Comunicação de massa: Trata-se da utilização da rádio, da televisão e do vídeo para difundir tecnologias sobre todos os aspectos da PIP e da sua viabilidade económica.

5. Publicações: A publicação e a distribuição de cartazes, folhetos, panfletos, materiais de formação, etc. são reconhecidas como instrumentos de melhoria das competências.

6. Serviços de insumos: Os serviços de insumos como aves, rações, vacinas e medicamentos, crédito, etc. são essenciais para expressar as habilidades após a formação.

7. Serviços de consultoria: Os serviços de aconselhamento para a atualização contínua dos conhecimentos técnicos são regularmente prestados pelos extensionistas.

8. Formação para a melhoria da eficiência: A formação

para a melhoria da eficiência é realizada com o objetivo de aumentar o nível de competências para obter conhecimentos técnicos mais elevados.

9. Serviços de produção: Os serviços de produção, tais como uma maior concentração na comercialização e na transformação dos produtos, são objeto de uma procura vigorosa para melhorar as competências.

10. Dias de campo, workshops e seminários: são componentes essenciais das actividades de formação que aumentam os conhecimentos e as competências dos agricultores.

11. Cooperação inter-agências: os serviços de entrada e saída contínua são utilizados para manter o fluxo normal da operação, o que ajuda a manter as competências melhoradas.

12. Sistema de informação de gestão: Um grupo das melhores competências e informações dos agricultores é reunido através de um sistema de informação de gestão e identifica as melhores práticas de gestão para uma maior produção e transfere estas experiências adquiridas para os outros produtores.

### 3.8 Conclusão

O capítulo três analisa de forma crítica o desenvolvimento da produção avícola autóctone ao longo do tempo e o seu contributo para o bem-estar socioeconómico dos agricultores pobres em recursos, sobretudo das mulheres.

A pobreza, que continua a ser um grande desafio para a África do Sul, foi analisada com a identificação dos grupos mais vulneráveis à pobreza na sociedade. A inter-relação entre pobreza e agricultura foi discutida com provas empíricas das contribuições da agricultura para a redução da pobreza. As contribuições significativas da produção avícola autóctone para a redução da pobreza também foram discutidas e apoiadas por provas de alguns países com histórias de sucesso. Por último, foram também discutidas as competências e a formação que são fundamentais nas empresas agrícolas.

Em conclusão, a literatura evidencia que a luta contra a pobreza na sociedade pode ser eficazmente levada a cabo utilizando a produção avícola indígena. No entanto, uma vez que o PIP não foi conscientemente introduzido nas várias iniciativas governamentais de redução da pobreza na Província do Cabo Oriental da África do Sul, é vital que se efectue uma análise da situação, numa tentativa de determinar o estado dos insumos e o nível de conhecimentos e competências dos agricultores no PIP.

# CAPÍTULO 4

# METODOLOGIA

## 4.1 Conceção da investigação

A conceção da investigação é o plano segundo o qual um estudo é efectuado (De Vos, Buyens & Schalk, 2003). Os métodos para determinar o tipo de desenvolvimento de capacidades necessário na extensão variam e dependem do foco da investigação e dos objectivos a serem alcançados. Esta investigação estudou a natureza da produção avícola autóctone na Província do Cabo Oriental, em condições de exploração, com o objetivo de fornecer dados de base e avaliar os serviços de extensão agrícola prestados aos agricultores rurais. A investigação foi abordada a partir de duas perspectivas diferentes: a dos agricultores e a dos serviços de extensão, a fim de obter informações mais pormenorizadas sobre o programa de desenvolvimento das capacidades de extensão. A abordagem foi quantitativa e qualitativa, com métodos de investigação concebidos a partir de questionários e da investigação participativa. Um estudo descritivo, entre outros, tenta explicar as razões das caraterísticas de uma população através do exame de amostras da população (Cooper & Schindler, 2003). A abordagem consistiu em efetuar uma análise das necessidades dos avicultores indígenas através de questionários. A capacidade dos extensionistas foi analisada através de questionários com as variáveis de competências derivadas da análise das necessidades dos avicultores indígenas. Também é pertinente para este trabalho a avaliação da formação para o desenvolvimento das capacidades dos extensionistas, realizada dentro e por instituições externas.

## 4.2 Conceção do inquérito

A conceção da investigação consistiu em três conjuntos de recolha de dados com questionários. Um dos objectivos baseava-se nos conceitos teóricos para o desenvolvimento de um modelo.

a. Questionário de Análise das Necessidades e da Situação (NSAQ) para os avicultores indígenas (IPF) na Província do Cabo Oriental (ECP) da África do Sul. A Estratégia de Extensão Orientada pela Procura de Baixo para Cima (B-upDDES) foi utilizada para identificar as necessidades dos agricultores, a descrição demográfica, o método de alojamento, a alimentação, o sistema de cuidados de saúde, a manutenção de registos e a cadeia de comercialização da produção avícola indígena pelos inquiridos. O B- upDDES é uma investigação que gera dados a partir da base, uma abordagem comunitária em que os programas são determinados por aqueles que irão beneficiar dos resultados. De acordo com Nwana (2011), é um sistema de investigação que procura uma combinação mais racional da ciência com a prática, sendo a prática referida como Conhecimento Indígena (IK) (Nwana, 2011). De acordo com a Avaliação Ecossistémica do Milénio (MA), a ciência deve dar um reconhecimento merecido ao Conhecimento Indígena, a fim de melhorar a sustentabilidade e o respeito pelo ambiente na promoção do bem-estar humano global (Thaman, Lyver, Mpande, Perez, Carino & Takeuchi, 2013). Os questionários permitiram identificar as IK que têm sustentado a IPP ao longo dos anos, de geração em geração.

b. Foi utilizado um questionário do tipo escala de Likert para medir as competências dos FPI e dos ADT. Os 32 itens de competências utilizados para desenvolver os questionários foram identificados a partir da revisão da literatura relevante sobre competências essenciais para a produção avícola indígena (Sonaiya & Olori, 1990; Roberts & Gunaratne, 1992; Sonaiya, Branckaert & Gueye, 1999; Safalaoh, 1997; Sonaiya & Swan, 2004; Riise, Permin & Kryger, 2005; Sharma, 2007; Osinem, 2008). Os principais factores identificados

   pelos vários

   Os autores do questionário, considerados essenciais para os agricultores na gestão dos PIP, são: alojamento, alimentação, reprodução e cuidados de saúde, comercialização e manutenção de registos. Os questionários consistiam em perguntas que solicitavam informações com base no nível de competência de avaliação das aptidões, que variava entre mau (1), razoável (2), bom (3), muito bom (4) e excelente (5).

c. O Questionário de Avaliação de Capacidades (CAQ) para os técnicos de desenvolvimento agrícola (ADTs) do distrito de Amathole, Departamento de Desenvolvimento Rural e Reforma Agrária (DRDAR), Província do Cabo Oriental (ECP), África do Sul, obteve informações sobre dados demográficos, experiência profissional e formação em desenvolvimento de capacidades, entre outros. Foram utilizados questionários de escala de classificação do tipo Likert para classificar os vários tipos de programas de desenvolvimento de capacidades da DRDAR. A escala variava entre 1 (Nada eficaz), 2 (Um pouco eficaz), 3 (Eficaz), 4 (Muito eficaz) e 5 (Muito eficaz)

d. A análise de um conceito teórico da teoria do "sistema social aberto" (Allahyari, 2009:781) foi utilizada para criar um modelo de produção conceptualizado para a avicultura indígena na Província do Cabo Oriental. De acordo com Norlin (2009), um sistema social é uma situação em que duas ou mais pessoas trabalham juntas de forma coordenada para atingir objectivos comuns. As caraterísticas do sistema social incluem as pessoas, a natureza orientada para objectivos, a realização de objectivos através de esforços coordenados e a interação com o ambiente externo (Norlin, 2009). Dentro das caraterísticas estão conjuntos inter-relacionados de elementos que funcionam como uma unidade operacional chamada sistema (Senge, 2006). Por conseguinte, um sistema aberto é composto por cinco elementos básicos (Scott & Davis, 2008) que incluem: entradas, um processo de transformação, saídas, feedback e o ambiente.

## 4.3 Áreas de inquérito

Entre os principais actores da extensão estão os agricultores que constituem mais de 70% dos habitantes das zonas rurais da Província do Cabo Oriental. A maioria deles está localizada nos municípios distritais de Alfred Nzo, OR Tambo, Amathole, Joe Gqabi e Chris Hani, onde o desemprego e a pobreza são elevados (ECSECC, 2012). Estes agricultores enfrentam desafios que atrasam a produção das suas actividades agrícolas, o que pode dever-se à falta de tecnologias apropriadas e de aumento de escala. Foi utilizada uma amostragem selectiva para escolher um município do distrito de Amathole, uma das zonas pobres da província. O município local de Nkonkobe foi escolhido aleatoriamente entre os oito municípios de Amathole. O município local de Nkonkobe é composto por 21 bairros. As alas 5, 10, 12, 13, 14 e 15 foram escolhidas aleatoriamente. Catorze aldeias foram selecionadas aleatoriamente de entre as 21 aldeias para a recolha de dados: Woburn, Dyamala, Bergplaas, Ncera, Ntselamanzi, Msobomvu, Melani, Khayalethu, Kwezana, Gqumahashe, Hala, Alice, Hopefield e Mbizana LHP. Foi utilizada a técnica de amostragem por referência em cadeia para identificar os inquiridos.

Para testar as competências dos ADTs, foi escolhido todo o distrito de Amathole. O objetivo era obter uma boa dimensão da amostra para as EDA.

Foi realizado um inquérito entre maio e novembro de 2012 em 14 aldeias (Figura 1) sob o Município de Nkonkobe no Município do Distrito de Amathole. A informação secundária foi recolhida nos escritórios da DRDAR em Bisho, Alice, Middledrift e Fort Beaufort e no Cape College.

Foi utilizada uma amostragem não probabilística em bola de neve para identificar os agricultores que criavam aves de capoeira indígenas na área de estudo. Só foram entrevistados aqueles que estavam dispostos a participar depois de terem compreendido os objectivos do inquérito de base.

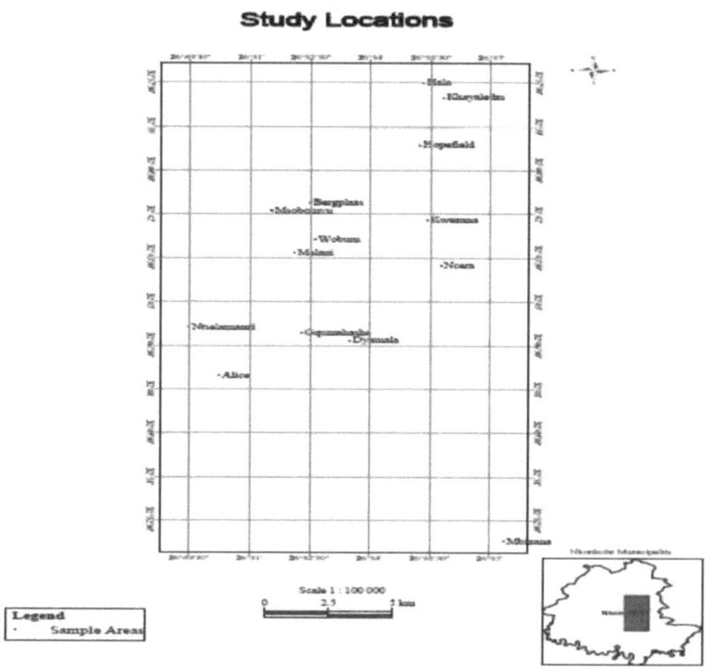


**Figura 4.1: As zonas de estudo**

## 4.4 Amostra

### 4.4.1 Análise de potência

Segundo Chadwick (2001: 45), "a dimensão inadequada e inapropriada da amostra influencia a exatidão e a qualidade da investigação".

A dimensão adequada da amostra para um inquérito de base populacional é determinada, em grande medida, por três factores: (a) a prevalência estimada da variável de interesse, (b) o nível de confiança desejado e (c) a margem de erro aceitável.

A conceção do inquérito baseou-se numa amostragem aleatória simples. A dimensão da amostra necessária foi calculada utilizando a fórmula: $N = t^2 \times p\ (1 - p) / m^2$ (IFAD, 2004)

Descrição:

**N** = dimensão da amostra necessária

**t** = nível de confiança a 95% (valor padrão de 1,96)

**p** = prevalência estimada de avicultores indígenas na área do projeto em 54,3% (AgriSETA, 2010)

**m** = margem de erro de 5% (valor padrão de 0,05)

$N=3.8416*0.543\ (1-0.543)/0.05^2$

N= 381 agregados familiares (amostra estimada do estudo)

População: A população de agregados familiares da área de estudo era de 1836, de acordo com a Nkonkobe IDP Review, (2011/12). Na análise de poder, quando a amostra de agregados familiares estimada é superior a 5%, aplica-se a fórmula de Cochran (1977) para obter o tamanho da amostra, pelo que o agregado familiar a ser amostrado foi calculado em;

N'=amostra estimada/ (1+amostra estimada/população)

N'=381/[1 + (381/1836)]

N'=316

Tamanho da amostra =316

Uma vez que a taxa de resposta prevista é de 99%, o número total de agregados familiares a amostrar será de

N'=316/0.99

Dimensão adequada da amostra =319

A fim de obter uma distribuição justa dos questionários entre as várias famílias que criam aves de capoeira indígenas em toda a ala 12, que é composta por 14 aldeias, cada aldeia foi considerada como um agrupamento. A dimensão adequada da amostra foi dividida pelo número total de agrupamentos. Assim, obteve-se o número mínimo de amostras por aldeia N=319/14=22,7, utilizando a técnica de amostragem em bola de neve para identificar os inquiridos. Foi entrevistada uma média de 23 agregados familiares por cada agrupamento e, nos casos em que o número total não pôde ser atingido, foi utilizada uma aldeia adjacente para garantir mais entrevistas a agregados familiares. Esta situação afectou quase todas as aldeias amostradas. Um total de 312 questionários foi considerado adequado para a análise de dados, com a rejeição de sete questionários que foram considerados defeituosos no preenchimento.

## 4.5 Amostragem para os questionários de avaliação da capacidade (QAC)

Os técnicos de desenvolvimento agrícola (TDA) das zonas do distrito de Amathole foram selecionados através da técnica de amostragem intencional. As necessidades de formação dos ADTs, tal como concebidas nesta área de estudo, implicam os resultados da avaliação das necessidades dos avicultores indígenas, justapostas com as competências e as condições óptimas para satisfazer essas necessidades. As variáveis identificadas a partir do NSAQ mediram as necessidades de formação dos ADTs (ADTTNs) utilizando a escala de tipo Likert no ponto 5. Por exemplo, uma escala de Likert de 5 pontos que varia entre "concordo totalmente" (5). "Concordo" (4), "Indeciso" (3), "Discordo" (2), a "Discordo totalmente" (1) foi utilizada para avaliar as percepções dos inquiridos sobre as ADT; necessidades de formação (ADTTN). As pontuações de perceção total e média foram calculadas para cada item de necessidade, após o que foram utilizadas pontuações médias de corte de 3,5 [(1+2+3+4+5) /5+0,5)] para diferenciar entre ADTTNs (x≥3. 5) e não ADTTNs (x<3,5). Um total de 120 questionários foi distribuído em todos os oito municípios à taxa de 15 questionários por município que compõem o distrito de Amathole. A verificação semanal dos questionários foi feita através de chamadas telefónicas. Após oito semanas de distribuição dos questionários, 39 (32,5%) questionários foram devolvidos, seis (5%) foram descartados por má introdução de dados e apenas 33 (27,5%) foram considerados utilizáveis para a análise de dados.

## 4.6 Classificação dos métodos de desenvolvimento de capacidades em função dos requisitos de competência

Os ADTs das áreas de estudo responderam ainda a um questionário que envolvia a classificação dos métodos de desenvolvimento de capacidades utilizados pela província para formar ADTs.

Os vários métodos identificados incluem:

a. Formação em workshops;
b. Formação em serviço;
c. Seminários internos;
d. Escolas de Campo para Agricultores;
e. Formação no local de trabalho;
f. Visitas cruzadas e visitas de estudo;
g. Mentoria;
h. Reunião do pessoal;
i. Reuniões mensais de revisão;
j. Estudo formal;
k. Utilizar a Internet e ler documentos.

A classificação utilizou uma escala de Likert que variava entre 5=muito eficaz, 4=muito eficaz, 3=eficaz, 2=pouco eficaz e 1=pouco eficaz

As questões técnicas e as aptidões foram extraídas das respostas obtidas a partir do NSAQ, para se obter uma avaliação da eficácia do desenvolvimento das capacidades dos extensionistas.

## 4.7 Recolha de dados

Os dados foram recolhidos utilizando o Questionário de Análise das Necessidades e da Situação (NSAQ) para os avicultores indígenas. O NSAQ descreve a base de dados demográficos dos inquiridos, o alojamento e a alimentação das galinhas, bem como a gestão da saúde. Foi entrevistado um total de 319 agregados familiares de 14 aldeias (Woburn, Dyamala, Bergplaas, Ncera, Ntselamanzi, Msobomvu, Melani, Khayalethu, Kwezana, Gqumahashe, Hala, Alice, Hopefield e Mbizana LHP). Sete questionários (2,19%) foram descartados por falta de registo de dados. Foram feitas observações pessoais, para além da recolha de fotografias dos tipos de alojamento, métodos de alimentação, bebedouros e espécies de plantas utilizadas nos cuidados de saúde das galinhas.

## 4.8 Validade e fiabilidade

O instrumento foi pré-testado no terreno nas aldeias de Roxeni, Lalani e Memela para determinar a sua fiabilidade e validade. A fiabilidade da consistência interna foi obtida utilizando o coeficiente alfa de Cronbach (α = 0,81). O tamanho da amostra foi determinado usando a análise de poder com a fórmula $N= t^2 X p (1-p) /m^2$. Os dados foram analisados usando estatística descritiva para SPSS versão 20 (2012).

## 4.9 Recolha de dados

### 4.9.1 Instrumentos

O investigador utilizou questionários como principal instrumento de recolha de dados para o NSAQ dos avicultores indígenas e para o CAQ dos ADT. Os questionários foram utilizados para recolher os dados necessários para responder às questões de investigação que se entrelaçam. O questionário NSAQ era composto por três partes.

a. A primeira parte tratou do perfil socioeconómico e demográfico dos inquiridos;

b. A segunda secção continha uma pergunta de resposta aberta que fornecia três competências ou conhecimentos essenciais para gerir as suas explorações de PI?

c. A parte final discutiu as competências na produção de aves de capoeira indígenas, que são o alojamento, a alimentação, a manutenção de registos, a criação e a gestão dos cuidados de saúde. Estas competências foram classificadas em 5 = "excelente", 4 = "muito bom", 3 = "bom", 2 = "razoável" e 1 = "mau".

O formato de escala de Likert de cinco pontos foi utilizado para abordar o CAQ para os ADT. O conteúdo do questionário foi desenvolvido a partir da análise dos resultados do NSAQ. A escala de classificação era de 1-5; 1 = "discordo totalmente", 2 = "discordo", 3 = "neutro", 4 = "concordo" e 5 = "concordo totalmente"

### 4.9.2 Aplicação do questionário

A entrevista dos inquiridos foi realizada por enumeradores formados, juntamente com o investigador, que compreendiam bem a língua Xhosa. Quinze enumeradores receberam uma sessão de formação de um dia onde lhes foram apresentados os objectivos da pesquisa e os questionários. Os questionários foram traduzidos para a língua Xhosa com três funcionários da Extensão a atestar a correção das traduções dos enumeradores formados. Os CAQ foram distribuídos nos escritórios da DRDAR em Alice, Middledrift, no Cape College e nos escritórios do município local de Nkonkobe e recolhidos através das mesmas fontes.

### 4.9.3 Teste de validade e fiabilidade dos questionários

Os dois instrumentos (NSAQ e CAQ) utilizados foram submetidos a testes de validade e fiabilidade. O NSAQ foi testado como piloto na aldeia de Ngqushwa por oito dos enumeradores que administraram três questionários cada. Os questionários foram verificados quanto à correção das entradas e ao tempo médio necessário para preencher um questionário. Cinco dos enumeradores foram abandonados por terem introduzido dados incorrectos, enquanto outros dois foram abandonados por não conseguirem preencher três questionários em três horas. Do segundo lote de enumeradores, sete foram levados para a aldeia de Madwaleni, no município local de Mbhashe, para a administração do NSAQ. Os enumeradores também foram classificados utilizando os mesmos critérios de correção e tempo. Cinco dos enumeradores foram dispensados por terem introduzido dados incorretamente. Um total de 25 questionários foi pré-testado no terreno quanto à sua fiabilidade e validade nas aldeias de Roxeni, Lalani e Memela pelos três enumeradores e pelo investigador. A fiabilidade da consistência interna foi realizada utilizando o coeficiente alfa de Cronbach ($\alpha$ = 0,81). A recolha de dados decorreu de maio de 2012 a novembro de 2012. O CAQ foi aplicado aos técnicos de desenvolvimento agrícola (TDA) do município de Buffalo City. As pontuações de fiabilidade para o instrumento foram os alfas de Cronbach (0,890).

## 4.10 Considerações éticas

O investigador recebeu um certificado de autorização ética, número de referência: LAT01 1SYUS01 pelo Comité de Ética para a Investigação da Universidade de Fort Hare (UREC) para prosseguir com a recolha de dados. Foram explicados a todas as partes interessadas os pormenores da aprovação da universidade para o projeto de investigação e a ética que o apoia.

## 4.11 Análise de dados

A análise de dados é o processo de avaliação de dados que utiliza o raciocínio analítico e lógico para examinar cada componente dos dados fornecidos (Business Dictionary.com 2011). Tem a ver com a descrição de factos, a deteção de padrões, o desenvolvimento de explicações e o teste de hipóteses.

### 4.11.1 Objetivo número 1: Caracterizar os sistemas de produção avícola autóctones na zona de estudo

Foram utilizados questionários para obter informações dos agricultores que abordavam as suas caraterísticas. Estas incluíam a idade, o nível de educação, a ocupação, o estado civil, o género e a dimensão do agregado familiar.

Foram obtidas informações sobre as caraterísticas das explorações agrícolas - tipos de aves de capoeira indígenas mantidas, tamanho e raças, razões para manter os tipos

A informação sobre as caraterísticas de gestão discutiu os métodos de gestão das aves de capoeira autóctones, em particular o alojamento, a alimentação e os cuidados sanitários, os estilos de produção, a manutenção de registos e os constrangimentos, bem como o apoio dos ADT aos agricultores.

Foram utilizadas estatísticas descritivas, tais como contagens de frequências, percentagens, médias e desvios-padrão.

### 4.11.2 Objetivo número 2: Determinar as competências técnicas autóctones dos agricultores e o nível de competências dos técnicos de desenvolvimento agrícola (TDA) em matéria de PIP

A avaliação das competências, tanto para os PIF como para os ADT, foi efectuada através de um questionário de escala de Likert, elaborado a partir da revisão da literatura relevante sobre as competências essenciais para a produção avícola indígena (PIA). Foi identificado um total de 32 itens de competências no âmbito das actividades de produção, incluindo alojamento, alimentação, reprodução e cuidados de saúde, comercialização e manutenção de registos. Os questionários consistiam em perguntas que solicitavam informações com base no nível de competência de avaliação das competências, que variava entre mau (1), razoável (2), bom (3), muito bom (4) e excelente (5). As pontuações de perceção total e média foram calculadas para cada item de competência, após o que foi utilizada uma pontuação média de corte de 3,5 [(1+2+3+4+5) ⁄5+0,5)] para diferenciar a lacuna de competências tanto para os IPFs como para os ADTs em $x \geq 3.5$ classificado como competente e $x<3,5$ classificado como défice de competências.

Utilizou-se a análise estatística descritiva, enquanto se efectuou uma análise exploratória de componentes principais (ACP) (técnica de rotação ortogonal) nos dados recolhidos para os avicultores indígenas, utilizando o SPSS versão 20 (2012). Não foi possível efetuar a ACP nos ADT porque o total de questionários devolvidos foi de 39, o que era inferior ao tamanho de amostra aceitável de 300 (Tabachnick & Fidell, 2001) e 150 (Field, 2009) para a análise da ACP.

### 4.11.3 Objetivo número 3: Analisar as opções de crescimento agrícola que podem apoiar a formação de uma componente de desenvolvimento rural mais abrangente utilizando a produção avícola autóctone

Um modelo em evolução é uma resposta a uma nova realidade e a oportunidades emergentes. Consequentemente, não existe um modelo único para todos. A situação prevalecente num ambiente dita geralmente a forma como um modelo é moldado ou concebido. De acordo com Shafique & Mahmood (2010), o desenvolvimento de modelos é um método de investigação eficaz que fornece os ingredientes essenciais para a conceção de novos sistemas ou serviços. O seu desenvolvimento requer o cumprimento de alguns parâmetros, que segundo Mandal, Khandekar & Khandekar (2005) servem como indicadores de bons modelos. Os autores identificaram seis indicadores: produtividade, eficiência, estabilidade, durabilidade, compatibilidade e equidade. As abordagens para a mobilização de recursos para a conceção de modelos variam, mas têm uma base comum (Hagel & Brown, 2005). Os esforços anteriores nesta abordagem baseavam-se em factores "push" que eram passivos de uma abordagem "top down" (Hagel & Brown, 2005). No entanto, a atenção está a mudar para a abordagem "pull", que cria uma plataforma que ajuda as pessoas a mobilizar recursos quando surge a necessidade (Hagel & Brown, 2005). Considera-se que um modelo tem um desempenho eficaz quando tem uma atividade incorporada como um "sistema" (Allahyari, 2009). Neste estudo, foi adotado o conceito da abordagem de Allahyari (2009) ao desenvolvimento de modelos utilizando um "sistema social aberto". De acordo com Norlin (2009), um sistema social é uma situação em que duas ou mais pessoas trabalham em conjunto de forma coordenada para atingir objectivos comuns. As caraterísticas identificadas do sistema social incluem pessoas, objectivos orientados por natureza, a realização de objectivos através de esforços coordenados e a interação com o ambiente externo (Norlin, 2009). Dentro das caraterísticas estão conjuntos de elementos inter-relacionados que funcionam como uma unidade operacional chamada sistema (Senge, 2006). Um sistema aberto é, portanto, composto por cinco elementos básicos (Scott & Davis, 2008): entradas, um processo de transformação, saídas, feedback e o ambiente. Estes cinco elementos básicos foram descritos e analisados na conceção de um modelo avícola autóctone.

### 4.11.4 Objetivo Número 4: Avaliar o desenvolvimento profissional do pessoal de extensão agrícola na área de estudo

Os dados recolhidos foram analisados com recurso a

estatísticas descritivas e inferenciais. Foram utilizadas estatísticas descritivas, incluindo médias, desvios-padrão, frequências e percentagens, enquanto o teste de adequação do Qui-quadrado foi utilizado para determinar o nível de significância dos vários programas de recursos humanos. Os dados foram analisados utilizando o SPSS (versão 20) (2012).

# CAPÍTULO 5

## CARACTERIZAÇÃO DOS SISTEMAS DE PRODUÇÃO AVÍCOLA AUTÓCTONES

## NO MUNICÍPIO DE NKONKOBE, PROVÍNCIA DO CABO ORIENTAL, ÁFRICA DO SUL

### 5.1 Introdução

Três quartos das pessoas mais pobres do mundo obtêm os seus alimentos e rendimentos da agricultura em pequenas parcelas de terra (B&MGF, 2011). Comum a estes agricultores pobres em recursos é a criação de aves de capoeira autóctones que se alimentam de comida e de resíduos de cozinha (Okeno, Kahi & Peter, 2011). A produção avícola autóctone (PIA) é importante para muitas famílias rurais. Vários estudos efectuados em diversos países confirmam a contribuição da produção avícola indígena para o rendimento, a melhoria do estado nutricional, a redução da vulnerabilidade dos meios de subsistência e a segurança alimentar das famílias rurais (Kitalyi, 1998; Sonaiya, Branckaert & Gueye, 1999; Dolderg, 2004; Sonaiya, Olukosi, Obi & Ajuwon. 2002; Ahuja & Sen, 2007; Moges, Tegegne & Dessie, 2010). Quase todas as famílias rurais e periurbanas dos países em desenvolvimento mantêm um pequeno bando de galinhas criadas ao ar livre (Jens, Anders, Charlotte, Ainsh & Lone, 2004). Um tipo comum de sistema de produção é o de baixa produção e baixa qualidade (Fentie, Abebe & Kassa, 2013). No entanto, o baixo nível de risco da criação de aves de capoeira de recolha tornou-a uma escolha de estratégia de subsistência para os agricultores de subsistência (Sonaiya, 2009). Não obstante a produção avícola comercial em grande escala na África do Sul, a produção avícola autóctone continua a contribuir significativamente para os meios de subsistência e a segurança alimentar (Gondwe, 2004; Moreki, 2006). De acordo com Sharma (2007: 37), o desafio da luta contra a pobreza e a subnutrição poderia ser efetivamente enfrentado, e em grande medida, através do reforço da produção avícola indígena. A produção de aves de capoeira indígena tem baixos requisitos de insumos, que estão em conformidade com as condições socioeconómicas das famílias rurais (Abdelqader *et al.* 2007). No entanto, tem havido pouca investigação realizada a este respeito na África do Sul (Mwale & Masika, 2009) e poucas provas empíricas para apoiar a utilização da produção avícola autóctone para aliviar a pobreza na Província do Cabo Oriental. A ênfase tem sido frequentemente colocada nos sistemas de produção comercial (intensiva) de aves de capoeira (Aklilu, 2007). Como resultado disto, não existem dados exactos sobre a população real de aves de capoeira de aldeia ou de quintal e as suas contribuições para a população total de aves de capoeira do país (Bwala 2009). Mtileni *et al.* (2009) também confirmaram a falta de informação sobre a situação da produção de galinhas na maioria das zonas comunais da África do Sul. De acordo com Swatson, Nsahlai & Byebwa (2001) existe uma lacuna na investigação sobre o conhecimento indígena e as práticas tradicionais associadas à produção de galinhas de aldeia e o seu impacto nos meios de subsistência rurais. Esta negligência tornou difícil qualquer investimento significativo para aproveitar estes recursos valiosos como meio de aliviar a pobreza generalizada (Ndegwa, Norrish, Mead, Kimani, & Wachira, 2000). A melhoria da produção avícola autóctone requer competências e apoio da extensão, mas as conclusões de Mlozi *et al.* (2003) indicam que a maior parte das comunidades rurais não possui as competências necessárias em matéria de criação, formação e oportunidades para melhorar eficazmente a sua produção avícola autóctone e que esta é considerada uma atividade secundária (Burgos *et al.* 2007). Para ter impacto nos pequenos agricultores, é necessária uma intervenção de extensão eficaz (Mwalusanya *et al.* 2001), enquanto o conhecimento dos sistemas de produção é fundamental para formar uma base para a melhoria. Para este fim, é imperativa uma caraterização da produção avícola indígena. Infelizmente, existe pouca informação sobre a investigação realizada nesta área na Província do Cabo Oriental (PCE). De acordo com Muchadeyi *et al.* (2005), a falta de informação adequada leva normalmente a dificuldades na conceção e implementação de programas que possam beneficiar as famílias rurais. Na tentativa de estabelecer um sistema de trabalho de extensão eficiente e eficaz, é necessário compreender e analisar em profundidade a situação atual dos sistemas de produção avícola indígenas. De acordo com Mtileni *et al.* (2009); e Danda *et al.* (2010), a caraterização dos sistemas de produção deve ser o primeiro passo para a realização de um estudo que possa identificar as ameaças e oportunidades de melhoria da produção avícola indígena. Okeno *et al.* (2011) apoiaram estes passos, uma vez que ajudam a compreender as práticas de produção e gestão dos agricultores e os factores associados cruciais para o desenvolvimento de estratégias melhoradas. Na realização de estudos de caraterização, Pedersen (2002) sugeriu que estes deveriam ser efectuados em situações de exploração agrícola, através da recolha de dados de base, em vez de estudos experimentais nas estações. A caraterização explorará o "como" e o "porquê" do rastreio de todas as fases envolvidas, desde o alojamento, alimentação e cuidados sanitários, no estabelecimento de dados funcionais sobre os sistemas de produção avícola indígenas. Este estudo visa, portanto, a caraterização dos sistemas de produção avícola indígena nas suas formas actuais no Município Local de Nkonkobe. Isto porque tem sido praticado desta forma ao longo dos anos por agricultores pobres em recursos, e é necessário determinar as áreas de produção (carne e ovos), alimentação, cuidados de saúde e alojamento que têm mantido os sistemas em funcionamento.

## 5.2 Materiais e métodos

### 5.2.1 Áreas de estudo

Foi realizado um inquérito entre maio e novembro de 2012 em 14 aldeias (Figura 1) sob o Município de Nkonkobe no Município do Distrito de Amathole . A informação secundária foi recolhida nos escritórios da DRDAR em Bisho, Alice, Middledrift e Fort Beaufort e no Cape College.

Foi utilizada uma amostragem não probabilística em bola de neve para identificar os agricultores que criavam aves de capoeira indígenas na área de estudo. Só foram entrevistados aqueles que estavam dispostos a participar depois de terem compreendido os objectivos do inquérito de base.

### 5.2.2 Recolha de dados

Os dados foram recolhidos utilizando o Questionário de Análise das Necessidades e da Situação (NSAQ) para os avicultores indígenas. O NSAQ descreve a base de dados demográficos dos inquiridos, o alojamento e a alimentação das galinhas, bem como a gestão da saúde. Foi entrevistado um total de 319 agregados familiares de 14 aldeias (Woburn, Dyamala, Bergplaas, Ncera, Ntselamanzi, Msobomvu, Melani, Khayalethu, Kwezana, Gqumahashe, Hala, Alice, Hopefield e Mbizana LHP). Sete questionários (2,19%) foram descartados por falta de registo de dados. Foram feitas observações pessoais, para além de uma recolha fotográfica dos tipos de alojamento, métodos de alimentação, bebedouros e espécies de plantas utilizadas nos cuidados de saúde das galinhas.

### 5.2.3 Validade e fiabilidade

O instrumento foi pré-testado no terreno nas aldeias de Roxeni, Lalani e Memela para determinar a sua fiabilidade e validade. A fiabilidade da consistência interna foi obtida utilizando o coeficiente alfa de Cronbach ($\alpha$ = 0,81). O tamanho da amostra foi determinado usando a análise de poder com a fórmula $N = t^2 X p (1-p) / m^2$. Os dados foram analisados usando estatística descritiva para SPSS versão 20 (2012).

## 5.3 Resultados

As aves de capoeira indígenas (89,6%) dominaram as outras espécies de aves de capoeira, patos e perus, na área de estudo (Quadro 5.1.). Durante o inquérito foram observados mais pintos do que criadores. Isto deveu-se ao facto de muitas galinhas terem acabado de chocar um grande número de pintos.

## 5.4 Caraterísticas socioeconómicas

De um modo geral, a tendência das caraterísticas socioeconómicas foi semelhante em todas as áreas de estudo. As mulheres (76%; n=312) foram os principais actores. Eram pessoas mais velhas (46-65 anos) e tinham algum nível de literacia (ensino primário e secundário) (Tabela 5.2). Os casados eram (45,5%; n=312) e chefiam um agregado familiar (Tabela 5.3).

**Quadro 5.1: Tamanho do bando e estrutura das aves de capoeira na área de estudo**

| Parameters | Mean | Median | Range | SD |
|---|---|---|---|---|
| Chicks | 8.16 | 7.00 | 0-59 | 8.759 |
| Growers | 4.45 | 3.00 | 0-28 | 4.527 |
| Cocks | 4.86 | 4.00 | 0-23 | 3.390 |
| Hens | 12.52 | 10.00 | 3-58 | 7.727 |
| Hen: Cock Ratio | 1:2.58 | | | |
| Duckling | 0.26 | 0.00 | 0-17 | 1.668 |
| Duck female | 0.84 | 0.00 | 0-43 | 3.866 |
| Drake | 0.37 | 0.00 | 0-23 | 1.917 |
| Toms | 0.04 | 0.00 | 0-8 | 0.483 |

**Tabela 5.2: Distribuição percentual dos inquiridos de acordo com as suas caraterísticas sociais (n=312)**

| | | N | % | Median | S D |
|---|---|---|---|---|---|
| | Male | 75 | 24.0 | | |
| Gender | Female | 237 | 76.0 | | |
| | Total | 312 | 100.0 | 2.00 | .428 |
| Age | 25-35 | 34 | 10.9 | | |
| | 36-45 | 54 | 17.3 | | |
| | 46-55 | 88 | 28.2 | | |
| | 56-65 | 86 | 27.6 | | |
| | 66 and above | 50 | 16.0 | | |
| | Total | 312 | 100.0 | 3.00 | 1.220 |
| Education | No Formal Schooling | 9 | 2.9 | | |
| | Primary School | 104 | 33.3 | | |
| | Some Secondary School | 120 | 38.5 | | |
| | Completed Grade 10 | 39 | 12.5 | | |
| | Completed Grade 12 | 12 | 3.8 | | |
| | Certificate/ Diploma | 13 | 4.1 | | |
| | Degree Program | 15 | 4.8 | | |
| | **Total** | **312** | **100.0** | **3.00** | **1.850** |

O padrão de distribuição da alimentação em produtos de frango e ovos indica que o consumo de ovos por semana por agregado familiar foi de 52,56% para 1-2 ovos. Entre 1-2 frangos foram abatidos para consumo por mês (Tabela 5.3). A criação de gado (24,7%; n=312) e a produção de suínos (21,5%; n=312) foram os animais dominantes entre os inquiridos. As hortas nos quintais eram comuns em muitos agregados familiares (59%; n=312). A maioria (61,2%; n=312) afirmou que as colheitas produzidas nas hortas eram insuficientes para o consumo do agregado familiar, enquanto que muito poucos (1,0%; n=312) afirmaram que as colheitas eram suficientes.

**Tabela 5.3: Distribuição demográfica percentual dos agregados familiares e caraterísticas do consumo de frango/ovos**

| Marital status | Single | Married | Divorced | Widowed/ Widower | |
|---|---|---|---|---|---|
| Frequency /% | 116 (37.2) | 142 (45.5) | 3 (1.0) | 51 (16.3) | |
| **Size of households** | **1-2** | **3-4** | **5-6** | **7-8** | **9 and above** |
| Frequency / % | 26 (8.3) | 124 (39.7) | 111 (35.6) | 43 (13.8) | 8 (2.6) |
| **Head of households** | **Male** | **Female** | | | |
| Frequency / % | 145 (46.5) | 167 (53.5) | | | |
| **Egg consumption /week** | **0** | **1-2** | **3-4** | **5-6** | |
| Frequency/ % | 27 (8.66) | 164 (52.56) | 103 (33.01) | 18 (5.77) | |
| **Slaughtering of chicken/month** | **0** | **1-2** | **3-4** | | |
| Frequency / % | 43 (13.78) | 248 (79.49) | 21 (6.73) | | |

## 5.5 Modo de alimentação

Os resultados da área de estudo indicam que a maioria das aves (92,6%; n=312) foi mantida num sistema de criação ao ar livre e a maior parte dos alimentos foi obtida através da limpeza e suplementos (Tabela 5.4). Os principais componentes da base de recursos alimentares de necrófagos (SFRB) eram materiais vegetais, insectos, vermes, grãos remanescentes do campo e restos de cozinha (Badhaso, 2012). Os pintos recém-nascidos recebiam milho amarelo triturado, enquanto os agricultores que tinham dinheiro para comprar ração alimentavam os pintos recém-nascidos com puré de pintos. No entanto, os tipos de suplementos, o número de refeições por dia, a quantidade e a qualidade eram função da capacidade financeira do agregado familiar ou do proprietário do bando. Após a eclosão, os pintos eram, na sua maioria, confinados num compartimento seguro móvel feito de rede metálica/gaze ou confinados num local seguro, por exemplo, um quarto abandonado ou uma garagem. Na maioria dos casos (93,6%; n=312), os agricultores forneciam água potável às galinhas em diferentes recipientes: recipientes de plástico , um pneu de veículo cortado e tigelas de plástico.

### 5.6 Habitação

A maior parte (74,7%; n=312) dos criadores fornece abrigos para as aves durante a noite, sendo que alguns

(12,5%; n=312) permitem que as aves se empoleirem no cimo das árvores durante a noite (Quadro 5.4). Os abrigos eram maioritariamente construídos com chapas de ferro ondulado. Foi também observada a utilização de tijolos queimados (15,1%; n=312) e de tábuas com rede de arame (15,1%; n=312).

**Quadro 5.4: Práticas indígenas de gestão das aves de capoeira pelos agricultores**

| Parameters | | Overall means % | Median | SD |
|---|---|---|---|---|
| Mode of feeding | Scavenging alone | 7.40 | | |
| | Scavenging with supplements | 92.6 | 2.0 | .262 |
| Mode of providing supplements | Poured on ground | 92.6 | | |
| | Feeding trough | 7.4 | 8.0 | 1.4 |
| Provision of water | Provided | 33.0 | | |
| | Not provided | 6.4 | | |
| | Provided with *aloe ferox* | 60.6 | 3.0 | .929 |
| Types of housing | Night lock-up | 74.6 | | |
| | Local perches | 2.6 | | |
| | Tree top | 12.5 | | |
| | Enclosed at night and some on tree top | 10.3 | 1.0 | 1.055 |
| Housing material commonly used | Burnt bricks | 15.1 | | |
| | Wrought iron sheet | 45.5 | | |
| | Planks with wire gauze | 15.1 | | |
| | Planks alone | 9.9 | | |
| | Mud house | 5.1 | | |
| | Nesting box only | 9.3 | 2.0 | 1.459 |

## 5.7 Gestão da saúde

Em muitos casos (60,6%; n=312), os agricultores adicionaram folhas de *Aloe ferox* à água de beber por várias razões: como uma abordagem profiláctica para o controlo de doenças nas aves (94,3%; n=189), para aumentar a sua imunidade contra doenças (81,8%; n=189) e para tornar as aves resistentes (65,5%; n=189). Para além do uso de *Aloe ferox*, os agricultores também recorreram a diferentes tipos de remédios tradicionais e medicamentos humanos para tratar as doenças das galinhas (Quadro 5.5). Na maioria dos casos (84,6%; n=312), os agricultores trataram ou protegeram as suas aves com remédios etno-veterinários caseiros.

**Tabela 5.5: Alguns métodos etno-veterinários de tratamento de galinhas na área de estudo**

| Diseases | Indigenous medication |
|---|---|
| Swollen face | Cleaning of the swollen face of birds with dettol (antiseptic) and rubbed with light brown shoe polish. This makes the face to peel off naturally. |
| Immunity | Oral Rehydration Therapy (ORT) as a drink for newly hatched chicks for the first five days. The use of *iZifozonke* (essential vitamins mixed with herbs) in water. |
| Internal parasites | *iZifozonke* is applied in drinking water. |
| Lice, mites and ticks | Potassium permanganate; Blue death (permethrin); *Karbar* dust 50DP (5 mg/m³ Carbaryl, 10mg/m³ Nuisance dust) *karbaspray* 850WP (5 mg/m³ Carbaryl, 10mg/m³ Nuisance dust); Use of a brake fluid mix with *Madubula* (13% Carbolic acid) and used as a body spray for the birds; *Bulalazonke* (Mercaptothion) is sprayed on the body of birds. |
| Drowsiness, lameness, closed eyes, discharge from the mouth | Affected birds are given black coffee to drink. |
| Pimples on the face of growers | The use of engine oil, and shoe polish applied to the affected part twice daily. |

## 5.8 Propriedade, gestão e tomada de decisões de bandos de galinhas

Os agregados familiares chefiados por mulheres (FHH) possuíam pouco menos de metade dos bandos de galinhas (51,0%; n=312) (Quadro 5.6), enquanto a propriedade por agregados familiares colectivos (CHO) (36,5%; n=312) era superior à dos agregados familiares chefiados por homens (10,9%; n=312). A construção de abrigos para o rebanho foi maioritariamente (55,4%; n=312) realizada por CHO, incluindo a limpeza (58,0%; n=312), a alimentação (61,2%; n=312) e os cuidados de saúde (55,8%; n=312). A comercialização era feita com parcimónia porque a maioria (69,5%; n=312) dos agregados familiares criava galinhas para consumo doméstico.

**Quadro 5.6: Propriedade e gestão dos bandos de galinhas**

| Parameters | MHH | FHH | CHO | Boys <18 | Girls <18 | Median | SD |
|---|---|---|---|---|---|---|---|
| Chicken flock ownership | 10.9 | 51.0 | 36.5 | 1.0 | 1.0 | 2.0 | .697 |
| Flock management - Shelter construction | 8.0 | 23.7 | 55.4 | 12.2 | 0.6 | 3.0 | .799 |
| Cleaning | 4.2 | 27.2 | 58.0 | 3.2 | 7.4 | 3.0 | .859 |
| Feeding | 3.5 | 29.8 | 61.2 | 1.6 | 3.8 | 3.0 | .731 |
| Health care | 6.4 | 35.9 | 55.8 | 0.6 | 1.3 | 3.0 | .684 |
| | NM | Male | Female | CH | | | |
| Marketing | 86.9 | 2.9 | 7.1 | 3.2 | | .00 | .728 |

**Legenda:** MHH= Agregado familiar chefiado por homens; FHH= Agregado familiar chefiado por mulheres; CHO= Propriedade colectiva do agregado familiar; NM= Sem comercialização

## 5.9 Mortalidade nos bandos

A mortalidade nos bandos foi comum entre os pintos e foi atribuída a morte súbita, doenças e frio, tempo frio e ataque de ratos e ratazanas gigantes (Quadro 5.7). A mortalidade nos reprodutores, galinhas adultas e galos foi muito baixa. Na maioria dos casos (84,6%; n=312), os criadores trataram ou protegeram as suas aves utilizando remédios etno-veterinários caseiros. As aves de rapina, falcões, corujas e águias constituíram uma ameaça para os pintos (85,3%) durante o verão, ao passo que os gatos selvagens e os ratos gigantes foram predadores comuns dos reprodutores, galos adultos e galinhas, sobretudo dos agricultores que partilham fronteiras com florestas ou ambientes rochosos de topografia pobre e muito ondulada.

**Quadro 5.7: Média global das causas de mortalidade nas aves (n=312)**

| | Sudden death | Diseases and cold | Cold | Cold and thunder | Mice and Giant rats | No mortality | Hot sun | Small insects | Total |
|---|---|---|---|---|---|---|---|---|---|
| Chicks | 19.6 | 14.5 | 16.3 | 4.2 | 11.9 | 33.3 | 0.3 | NA | 100 |
| Growers | 6.7 | 10.6 | 12.5 | 9.3 | 4.8 | 56.1 | NA | NA | 100 |
| Adult hens | 0.6 | 9.0 | 2.2 | 2.2 | 11.2 | 67 | 7.7 | NA | 100 |
| Adult cocks | 4.2 | 5.5 | 2.2 | 4.5 | 1.3 | 75.6 | 4.5 | 2.2 | 100 |

## 5.10 Padrão de produção e reprodução

Os bandos de galinhas eram dominados por galinhas reprodutoras, numa tentativa de aumentar o tamanho do bando através da incubação de ovos. A choca natural era comum nas zonas de estudo. A galinha reprodutora põe normalmente 6-25 ovos por ninhada, com uma taxa de eclosão que varia entre 4-17 (Quadro 5.8). Do total (56,25%) de pintos eclodidos, apenas 31,25% atingiram a idade de oito semanas devido à morte, maioritariamente associada a ataques de predadores. As ninhadas por galinha por ano variaram de duas a quatro vezes. A maioria (64,74%; n=312) dos agricultores atribuiu as alterações na população do bando ao consumo doméstico, tendo sido também registado roubo de animais (26,28%) (Figura 5.1).

**Quadro 5.8: Padrão de produção e reprodução das galinhas (n=312)**

| Parameters | Range | Overall mean | Mean % |
|---|---|---|---|
| Number of clutch per year | 2-4 | 3 | 78.56 |
| Number of eggs per clutch | 10-26 | 18 | 75.92 |
| Number of eggs incubated | 6-25 | 15.5 | 61.76 |
| Number of chicks hatched | 4-17 | 10.5 | 56.25 |
| Number of chicks attained adulthood (8wks) | 1-13 | 7 | 31.25 |
| **Number of times hen hatches per year** | | | |
| Two | | 25 | 8 |
| Three | | 184 | 59 |
| Four | | 103 | 33 |

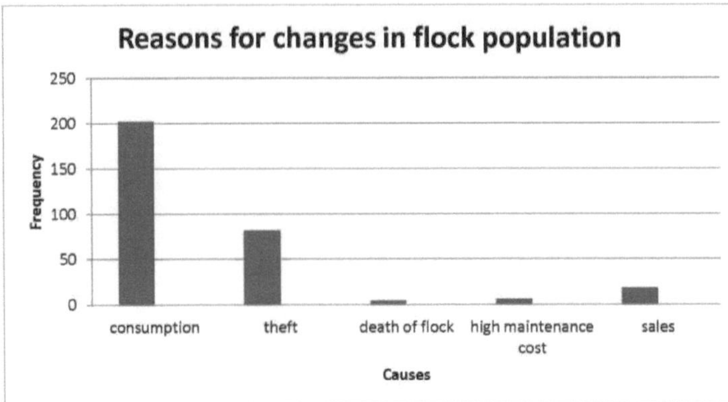


**Figura 5.1:** Razões para as alterações na população dos efectivos

## 5.11 Discussão

O estudo baseou-se no sistema de produção de aves de capoeira indígenas no Município de Nkonkobe, com uma análise crítica das actividades de alojamento, alimentação, cuidados de saúde e comercialização. Os resultados concordam com os de (Safalaoh, 1997), que indicam que a avicultura indígena está largamente associada a agricultores pobres em recursos (sem terra, marginais e pequenos agricultores), que criam as galinhas num sistema extensivo, com as caraterísticas associadas de baixo rendimento e baixo rendimento. A maioria (69,56%; n=312) obtém o seu rendimento de várias categorias de subsídios sociais do governo, que incluem a pensão de velhice, a invalidez, o subsídio de veterano de guerra, o subsídio para crianças (subsídio para crianças acolhidas), a dependência de cuidados, o subsídio de apoio à criança e o subsídio de ajuda.

A maioria dos agricultores (89,8%; n=312) criava galinhas, mas poucos criavam patos (9,6%; n=312) e perus (0,6%; n=312). A maioria dos agricultores não cria patos devido à necessidade de água para tomar banho; os patos têm um período de incubação mais longo (28 dias) e demoram mais tempo a ser depenados. Por outro lado, considerou-se que os perus requerem maiores competências de gestão, têm baixa resistência a doenças no sistema de recolha e requerem suplementos de alta qualidade. Foram registadas tendências semelhantes de um rácio elevado de galinhas em relação aos patos e perus na Zâmbia (Mwenya, 2001), no Uganda (Kugonza, Kyarisiima & Lisa, 2008), na Etiópia (Badhaso, 2012) e no distrito de Dakshin Dinajpur, na Índia (Biswas *et al.* 2011).

Os resultados revelaram que as mulheres (76%; n=312) eram os principais actores e cuidadores das aves de capoeira indígenas. Tradicionalmente, os homens ocupavam-se de outros animais de maior porte, como o gado, em vez de galinhas, que eram consideradas como estando no fundo da "escada da pecuária". As pessoas mais velhas (46-65 anos) estavam mais envolvidas na produção de galinhas, o que aponta para o fenómeno do envelhecimento na comunidade agrícola rural (Oboh & Sani, 2009; Ayinde, 2011). O fenómeno de envelhecimento da África do Sul pode ser atribuído à elevada migração rural-urbana de homens fisicamente aptos em busca de emprego na indústria mineira (Magubane, 1979; Van Niekerk & Kopelman, 2005). Pode também ser atribuído ao flagelo do VIH/SIDA que resultou na morte de homens e mulheres saudáveis (Ndegwa *et al.* 2000), deixando assim as comunidades rurais com pessoas idosas. O fenómeno do envelhecimento, se não for resolvido, pode agravar a situação de pobreza e de segurança alimentar das populações das zonas rurais. Os baixos níveis de participação e interesse dos jovens na agricultura podem ser outro fator, o que também foi confirmado por Adekunle, Oladipo, Adisa & Fatoye (2009). As zonas rurais estão a tornar-se rapidamente desoladas devido à ausência de oportunidades de emprego desejáveis, à má qualidade dos estabelecimentos de ensino (Echebiri, 2005) e às tentativas dos migrantes de adquirirem competências relevantes nas cidades (Olayiwola, 2005). Esta situação criou uma via de escape para os jovens migrarem para as cidades. Numa tentativa de abordar esta tendência, o ambiente rural poderia ser transformado em modelos de aldeia susceptíveis de atrair o desenvolvimento industrial.

Um bom número de inquiridos tinha concluído o ensino secundário (38,5%) e o ensino primário (33,3%). Verificou-se que o nível de educação de uma pessoa contribui para a sua taxa de adoção de novas tecnologias. De acordo com Ochieng, Owuor & Bebe (2012), nas suas conclusões sobre a adoção de intervenções de gestão na PIP no Quénia, o nível de educação dos agricultores teve um efeito marginal positivo na adoção da suplementação alimentar e da vacinação.

O tamanho médio geral do bando de galinhas foi de 29,98 por agregado familiar, o que foi mais do que o tamanho médio dos bandos relatado anteriormente para a Província do Cabo Oriental (PCE). Mtileni *et al.* (2009) registaram uma dimensão média global dos bandos de 10,9±1,95 no seu estudo de três distritos (distritos de Vhembe e Mopane; distritos de Kgalagadi e Alfred Nzo) nas províncias do Limpopo e da CE, na África do Sul, sem diferenças significativas nas dimensões dos bandos nas províncias. Khosa (2003) registou uma média de 11 galinhas em 34% dos agregados familiares em duas povoações na província do Limpopo. Farooq, Shakir, Mian, Mussawar, Durrani & Cheema (2004) registaram um tamanho de bando de 23,14±1,97 aves por agregado familiar em Chitral, Paquistão. Sonaiya, Dazogbo & Olukosi

(2002) registaram uma dimensão média do bando de 15±8,1 aves por família na Nigéria. Halima, Neser, Van Marle-Koster & De Kock (2007) registaram um tamanho médio de bando de sete aves por família no noroeste da Etiópia. Em algumas zonas da Etiópia e do

Quénia foi registada uma dimensão média dos bandos de 16 aves (Tadelle, Million, Alemu & Peters, 2003; Njenga, 2005). Uma explicação para esta elevada dimensão dos bandos nas áreas de estudo pode ser uma tentativa de segurança alimentar por parte do agregado familiar ou para obter um rendimento extra. Além disso, as galinhas demonstraram uma grande adaptabilidade aos desafios ambientais, como se observa na baixa taxa de mortalidade. De acordo com Njagi, Nyaga, Bebora, Michieka, Mbuthia, Kibe & Minga (2010), o clima é um fator de risco, especialmente na zona quente e seca em comparação com as zonas húmidas e frescas, caracterizadas pela prevalência da doença de Newcastle (DNT). As áreas de estudo enquadram-se na zona húmida e fria. Outras razões para estas dimensões elevadas dos bandos podem ser os recursos alimentares disponíveis, a boa gestão etno-veterinária das aves e, até certo ponto, a segurança dos bandos.

A maioria dos agricultores (69,5%; n=312) criava as galinhas para consumo doméstico, o que também constituía uma fonte barata e pronta de proteínas animais para a família. O padrão de consumo indica que maioria (52,56%) das famílias consumia um a dois ovos/semana e três a quatro (33,01%) ovos/semana, enquanto a maioria (79,49%) abatia uma ou duas galinhas por mês. A criação de aves de capoeira autóctones constitui uma fonte barata de proteínas animais para as famílias com poucos recursos (Magothe, Okeno, Muhuyi & Kahi, 2012), tendo sido confirmado que o seu consumo desenvolve a imunidade do corpo às doenças, uma nutrição saudável, o peso corporal e um melhor desempenho das crianças na escola (Florence, Asbridge & Veugelers 2008; MacLellan, Taylor & Wood, 2008; Wang & Veugelers, 2008).

Noutros locais, na Nigéria (Atteh, 1989), na República do Níger (Bella & Abdou, 1995) e no Zimbabué (Pedersen, 2002; Muchadeyi *et al.* 2004), os resultados apoiam a criação de galinhas para consumo doméstico. A criação para consumo, principalmente nas áreas de estudo, foi atribuída à natureza indeterminada dos mercados para os frangos locais. Como resultado desta situação, há necessidade de avaliar o mercado e as condições numa eventual intervenção.

A proporção entre os sexos na produção avícola é um fator importante que afecta a fertilidade (Alsobayel & Albadry, 2012). O rácio entre o sexo do galo e da galinha observado na área de estudo foi de 1:2,58. Mopate & Lony (1999:1) relataram um rácio de 1:6 galo/galinha, Khalafalla, Awad & Hass (2001:1) observaram um rácio galo/galinha de 1:4,4 no Sudão. Os rácios médios galo/galinha de 1:3,3, 1:3,2 e 1:2,2 foram registados em Bure, Fogera e Dale, respetivamente (Moges, Mellesse & Dessie, 2010:7). No entanto, na produção de aves de capoeira exóticas, o rácio recomendado entre galos e galinhas nas raças modernas ligeiras e pesadas é de 1:10 e 1:8, respetivamente (Moges *et al.* 2010:8). A baixa proporção entre os sexos neste estudo pode criar rivalidade doentia e lutas internas que muitas vezes resultam em lesões físicas nos galos. Os galos eram mais preferidos para consumo, enquanto os efeitos multiplicadores das galinhas eram mais preferidos para reprodução. Além disso, a maioria dos agricultores dependia dos galos dos vizinhos para o acasalamento, ignorando o facto de o galo se esticar demasiado e a eventual erosão genética. Por conseguinte, os agricultores terão de ser educados sobre a importância de manter um número mínimo de galos em relação ao tamanho do bando de galinhas. A estrutura do bando da área de estudo era composta principalmente por galinhas, pintos e galos, seguidos por galos em crescimento (12-15 semanas de idade). Os reprodutores são mais frequentemente eliminados através da venda ou como prendas.

O sistema de produção habitualmente praticado pelos agricultores é extensivo. As aves andam livremente à procura de insectos (o que, em alguns casos, pode expor as aves a insectos que são hospedeiros intermediários de vermes intestinais), ervas e resíduos. Alguns destes insectos incluem formigas, baratas, gafanhotos, moscas domésticas e escaravelhos, bem como moluscos como os caracóis. No entanto, as conclusões de Butcher & Miles (2012) indicaram que a ingestão de insectos que são hospedeiros intermediários resultou frequentemente em parasitas gastrointestinais para as galinhas necrófagas. A apanha reduziu o custo dos suplementos, que eram caros; por exemplo, um saco de 10 kg de puré para pintos (Fase 1) era vendido a R60 (ZAR 9,04=$1 no dia 3 de maio de 2013) e 10 kg de puré em crescimento custava R73,80 na *Umtiza*, (um fornecedor local). No entanto, as aves enfrentavam o problema de roubo, riscos ambientais, ataques de predadores e muitas punham os seus ovos em locais não identificados. A maioria dos galinheiros estava em más condições de higiene. Os galinheiros não eram adequados para proteger as aves das intempéries e, por conseguinte, das muitas razões invocadas para a perda de galinhas, tais como o frio, a chuva, o sol quente e os trovões. A maioria das aves perdeu os seus ovos neste mau estado de alojamento, especialmente as aves que não dispunham de materiais de nidificação. Algumas galinhas puseram os seus ovos no mato, onde foram atacadas por cães ou outros animais selvagens, e alguns foram roubados nesses locais não seguros. Também se observou que as galinhas que punham ovos no mesmo ninho lutavam, por vezes durante a postura. O sistema de alojamento pobre e anti-higiénico era semelhante aos relatados anteriormente por Natukunda *et al.* (2011), Mapiye *et al.* (2008), Halima *et al.* (2007), Tadelle *et al.* (2003) e Pedersen (2002). Este cenário, comum ao sistema de produção, afecta negativamente a produção; por exemplo, a perda de ovos, que pode ser uma ameaça à segurança alimentar das famílias. Os desafios do roubo e dos predadores também foram relatados por Bett, Bett, Peters, Kahi & Bokelmann (2012) no Quénia.

A maioria (92,6%) dos produtores forneceu alimentação suplementar sob a forma de milho triturado para os pintos e milho inteiro para os adultos, enquanto alguns forneceram grãos de arroz. Outros académicos Minh, (2005); Mapiye e Sibanda (2005); Halima *et al.* (2007); Goromela, Kwakel, Verstegen & Katule (2008) também observaram tendências semelhantes na alimentação suplementar, mas a maior parte dos suplementos identificados incluíam milho, mexoeira, sorgo, farelo de arroz, milho-da-índia e farelo de trigo. Relatórios de outros países africanos confirmaram a prática comum de suplementação alimentar: Malawi (Ahlers, 1999; Gondwe, 2004); Etiópia (Dessie & Ogle, 2001); e Burkina Faso (Kondombo, Nianogo, Kwakkel, Udo & Slingerland, 2003). No entanto, os tipos de suplementos disponíveis podem ser atribuídos às condições climatéricas prevalecentes na região ou no país. Entretanto, os desafios do sistema de produção ao ar livre na área de estudo incluem a sazonalidade da base de recursos alimentares de limpeza (SFRB), o roubo de stocks e o elevado custo do puré de frango. De acordo com Badhaso (2012), a quantidade e a disponibilidade de SFRB por ave dependem da estação do ano, da disponibilidade de cereais para as famílias, da época de sementeira e colheita dos cereais e da biomassa do bando da aldeia. A relativa escassez de água (Ortmann & Machete, 2003) na PCE pode agravar o desafio da disponibilidade do SFRB. Por conseguinte, na tentativa de promover tecnologias melhoradas para a avicultura indígena nas comunidades rurais da PCE, estes factores são cruciais. A maioria dos agricultores (92,6%) deita a ração no chão, o que pode expor as galinhas a parasitas e organismos causadores de doenças e é uma fonte de desperdício de ração, enquanto os restantes utilizam comedouros. Uma tendência semelhante foi observada por Halima *et al.* (2007) no noroeste da Etiópia. A fim de controlar o método de deitar a ração no chão, foi fortemente encorajada a utilização de comedouros. A mortalidade dos pintos foi de 50,4%, que foi atribuída a várias causas: morte súbita (19,6%; n=312), frio (16,3%; n=312) e doenças e frio (14,5%; n=312) e atribuída a uma prevalência após a eclosão (42,6%; n=312). A mortalidade foi baixa em galinhas e galos adultos (5,4% e 4,5%), respetivamente. Os resultados foram semelhantes aos de Mtileni, Muchadeyi, Maiwashe, Chimonyo, Mapiye & Dzama (2012). Os pintos necessitam de proteínas para um bom crescimento e para o desenvolvimento de imunidade a doenças (Kugonza, Kyarisiima & Lisa, 2008). São também necessários outros elementos nutritivos nas rações. No entanto, estes estão em falta no milho triturado, que era o principal suplemento dado aos pintos. Uma tentativa de corrigir o desequilíbrio de nutrientes requer rações ricas em proteínas e outros ingredientes essenciais que possam ser obtidos localmente, que sejam acessíveis e prontamente disponíveis em caso de intervenção. Também são necessárias iniciativas de vacinação para reduzir a mortalidade dos pintos. A água é uma parte essencial do regime alimentar dos frangos e, de acordo com Tadelle & Ogle (1996), o fornecimento regular de água às aves necrófagas é uma forma importante de conseguir uma produção óptima. O fornecimento de água era comum (93,6%), enquanto 60,6% (n=189) forneciam água com *Aloe ferox*. O resultado foi consistente com o de Moges, *et al.* (2010); Petrus, Mpofu & Lutaaya (2011). A utilização de *Aloe ferox* foi relatada por Dold e Cocks (2001), Mwale & Masika (2008, 2009); Chulayo, Muchenje, Mwale & Masika (2012) na Província do Cabo Oriental, e no Uganda (Kugonza *et al.* 2008) para o tratamento e controlo de doenças indígenas das aves de capoeira. Do mesmo modo, Okitoi, Ondwasy, Obali & Murekefu (2007) observaram a utilização de *Aloe ferox*, pimenta, sumo de Neem e sisal como conhecimento indígena comum para o tratamento de doenças das galinhas na parte ocidental do Quénia. Foi relatada a eficácia das propriedades do *Aloe ferox* como anti-inflamatório, antibacteriano, antiviral e tónico energético (Rabe & Staden, 1997; Balch & James, 2000; Joseph & Justin, 2010; Nandal & Bhardwaj, 2012). Assim, pode-se concluir que a baixa incidência de doenças em galinhas e galos adultos pode ser atribuída à criatividade e engenhosidade desses agricultores pobres em recursos que constantemente incluem *Aloe ferox* na água potável para as aves. A mortalidade nos bandos de galinhas, quando não controlada, pode ter um impacto negativo na sustentabilidade e na produção (Kugonza *et al.* 2008). A elevada mortalidade dos pintos, tanto por doenças como por predadores, pode constituir uma ameaça à segurança alimentar. As variações observadas na taxa de mortalidade foram atribuídas a doenças e predadores (Figura 5.2) e mostraram que os predadores aéreos eram comuns em todas as áreas, enquanto que havia uma baixa incidência de ataques de predadores em Khayalethu & Kwezana. Por outro lado, a mortalidade dos pintos era comum em Woborn, Dyamala, Msobomvu, Melani, Khayalethu e Gqumashe. Numa tentativa de reduzir esta mortalidade, as IPFs na área de estudo recorreram a vários métodos indígenas de controlo de doenças e pragas. Entre os medicamentos utilizados estão *Madubula* (um desinfetante doméstico com 13% de ácido carbólico como ingrediente ativo), Karbadust (Carbaryl 5%), Karbaspray (Carbryl 5%). Outros são *Izifozonke* e *Bulalazonke* (nome comercial) (ingrediente ativo, Mercaptothion). A utilização de *Madubula*, Karbadust, Karbaspray e *Bulalazonke* na forma de ingrediente ativo foi comunicada por Moyo (2009). Moreki (2012) relatou a utilização de Karbadust no Botsuana e outros remédios comuns, como parafina, óleo de motor usado, cinzas e permanganato de potássio. O relato do uso de óleo de motor usado é consistente com Moyo (2009); e Matekaire & Bwakura (2004). Alguns destes tratamentos provaram ser eficazes, até certo ponto (Moyo, 2009), no entanto, as implicações para a saúde da utilização de alguns destes medicamentos devem ser investigadas.

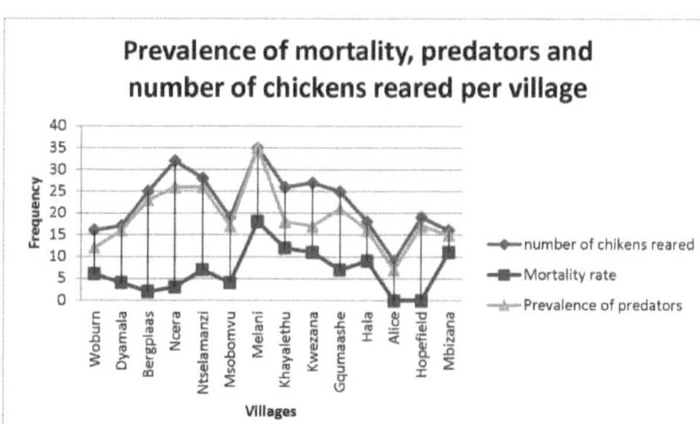


**Figura 5.2**: Prevalência de mortalidade, predadores e número de galinhas criadas por aldeia amostrada

## 5.12 Conclusão

A situação atual dos avicultores indígenas nas zonas de estudo foi avaliada com base nas condições de alojamento, alimentação, gestão dos cuidados de saúde, reprodução e comercialização. Os resultados revelaram que o alojamento é deficiente e não favorece uma produção óptima. O alojamento deficiente expunha as aves a condições climatéricas extremas e a roubos. A alimentação era maioritariamente feita por catação, com alimentação suplementar de grãos. Os agricultores recorrem a métodos etno-veterinários para a gestão dos cuidados de saúde do bando. A maioria cria galinhas para consumo doméstico, a fim de assegurar a alimentação em casa. A atual capacidade das IPFs é uma plataforma sólida sobre a qual se pode construir mais formação para o desenvolvimento de capacidades. Com base nas conclusões, são feitas as seguintes recomendações

Existe a necessidade de apoio institucional aos agricultores para a PIP nas áreas de estudo. Este apoio deve assumir a forma de campanhas maciças de sensibilização para as vantagens de comercialização do PIP, demonstrar, organizar e formar os agricultores em todas as fases de produção, o que poderia levar à adoção maciça das tecnologias de produção. Finalmente, os agricultores demonstraram as potencialidades inerentes ao seu atual método de criação. Este poderia ser melhorado e utilizado para conceber um modelo de produção adequado.

# CAPÍTULO 6

# LACUNAS DE COMPETÊNCIAS E NECESSIDADES DE FORMAÇÃO DOS AGRICULTORES E TÉCNICOS DE DESENVOLVIMENTO AGRÍCOLA NA PRODUÇÃO AVÍCOLA INDÍGENA NO MUNICÍPIO DE NKONKOBE, PROVÍNCIA DO CABO ORIENTAL, ÁFRICA DO SUL

## 6.1 Introdução

O sucesso de uma empresa agrícola (seja ela de pequena ou grande escala) depende das competências à disposição do empresário agrícola. As aptidões ou competências, de acordo com Vreyens & Shaker (2005), são capacidades observáveis que se manifestam a partir de um indivíduo que indica como fazer algo. As aptidões são um meio importante para aumentar os rendimentos e os meios de subsistência sustentáveis dos pobres (Banco Mundial, 2004). De acordo com Eskola & Gasperini (2010:1), o desenvolvimento de competências "é fundamental para melhorar a produtividade rural, a empregabilidade e as oportunidades de obtenção de rendimentos, reforçar a segurança alimentar e promover o desenvolvimento rural e os meios de subsistência sustentáveis do ponto de vista ambiental".

A produção avícola indígena é uma atividade agrícola antiga (Kingori, Wachira & Tuitoek, 2010; Mtileni *et al.* 2009; Ochieng, Owuor & Bebe, 2012). Muitos agricultores consideram a produção de frangos como uma atividade secundária ou terciária, mais adequada para o tempo depois do verdadeiro dia de trabalho (Sonaiya & Olori, 1990: 244). O conhecimento da sua produção e gestão é normalmente transmitido de uma geração para outra. Este facto confere a alguns dos agricultores melhores competências técnicas locais na produção avícola autóctone. É importante notar que as competências técnicas locais são cruciais para a sobrevivência dos agricultores, mas não são suficientes para que os pobres em recursos possam competir num mercado em constante expansão (Asenso-Okyere, 2009: 1). Estão também a surgir diariamente novos desafios para os agricultores rurais pobres. Existem, por exemplo, desafios relacionados com a saúde (o recente surto de gripe aviária), a doença de Newcastle, a necessidade de procurar materiais locais como fontes de alimentação, alojamento, reprodução, erosão genética e uma intervenção de gestão eficaz da produção avícola indígena. A África do Sul foi classificada como tendo dois grupos de exigências de competências críticas (Daniels, 2007). De acordo com o autor, estas são competências genéricas e competências profissionais específicas necessárias para o desempenho numa determinada empresa. Uma empresa agrícola bem-sucedida exige que os agricultores estejam equipados com novos conhecimentos, aptidões e competências, mesmo no nível 'baixo' do espetro de competências profissionais (Williams *et al.* 2010:17). McElwee (2005: 235) afirmou que o desenvolvimento das competências empresariais dos agricultores é uma questão importante que deve ser abordada por todas as partes interessadas na rede socioeconómica agrícola. Os esforços do governo para reduzir a pobreza na África do Sul têm sido dirigidos a vários níveis. A nível provincial, entre os programas implementados para reduzir a pobreza incluem-se: o Plano de Desenvolvimento Integrado (PDI), o Plano Provincial de Crescimento e Desenvolvimento (PGDP) e o Quadro de Desenvolvimento Económico Local (LED). No entanto, o relatório da Comissão da Função Pública (PSC) (2007) identificou falhas, a falta de capacidade e o fraco desenvolvimento de competências do pessoal que gere os projectos como algumas das razões responsáveis pelo fracasso dos programas em várias fases. Também Gichohi (1992); Ochieng, Owuor, Bebe & Ochieng (2011) identificaram a falta de capacidade e competências como factores-chave responsáveis pelo "elo perdido" no desenvolvimento económico e na transformação da sociedade ou das comunidades. Caillods (2003), Fluitman (2005); Palmer (2007) identificaram a negligência do desenvolvimento de competências como um passo nos programas de redução da pobreza como uma grande lacuna, enquanto Nuthall (2006); Palmer (2007) criticaram a negligência do desenvolvimento de competências na economia informal que ilumina o ambiente rural como preocupante. A literatura revelou que, muitos documentos de estratégia de redução da pobreza (PRSPs) carecem de iniciativas de desenvolvimento de competências (Palmer, 2007), enquanto a Organização Internacional do Trabalho (OIT) (2003: 8) afirmou que "uma caraterística marcante da maioria das estratégias de redução da pobreza é a ausência de educação e formação profissional". Como resultado destes lapsos, Phiri (2009) concluiu que, com a implementação de vários programas destinados à redução da pobreza, a vida económica de uma pessoa média nas zonas rurais piorou. As competências e o desenvolvimento das capacidades dos agricultores e dos extensionistas fazem parte dos factores de sucesso em todos os modelos. De acordo com Dolberg (2003: 34), a investigação e a formação foram identificadas como precursoras do aumento da utilização da produção avícola como instrumento de redução da pobreza. Esta afirmação foi apoiada por Asenso-Okyere (2009: 2), segundo o qual a produtividade agrícola continuará a diminuir se a capacidade dos agricultores e de outros actores da cadeia de valor agrícola permanecer subdesenvolvida, impedindo-os de inovar. No entanto, a investigação sobre a PIP na PCE tem-se centrado principalmente nos factores socioeconómicos de produção (Mtileni *et al.* 2012; Khosa, 2003; Mwalusanya *et al.* 2001; Swatson & Holton, 2001), nas práticas etno-veterinárias (Mwale & Masika, 2008, 2009; Chulayo *et al.* 2012); nos recursos genéticos das galinhas (Van Marle-Koster & Nel, 2000; Mtileni *et al.* 2011; Mtileni *et al.* 2009; Norris *et al.* 2007); microbiologia veterinária (Thekisoe, Mbati & Bisschop, 2004; Abolnik, Gerdes, Kitching, Swanepoel, Romito & Bisshchop, 2008; Bwala, 2009), e qualidade e preferência alimentar (Dyubel, Muchenje, Nkukwana & Chimonyo, 2010). A informação disponível sobre as competências e o desenvolvimento de capacidades das FPIs e das EDAs na produção avícola autóctone é muito escassa. Uma análise crítica dos pilares do Plano de Recuperação da Extensão (ERP) indica que a "requalificação e orientação" dos extensionistas é primordial (Mudau, Geyser, Nesamvuni, & Belemu, 2009:178). Contudo, nenhum esforço consciente foi dedicado à auditoria das competências necessárias para o aumento da escala, criando assim uma lacuna. Na tentativa de conceber programas de desenvolvimento para a PIP, é importante determinar o nível atual das competências técnicas locais dos agricultores e a auditoria de conhecimentos e competências dos ADTs para determinar os seus pontos fortes e fracos. Isto conduzirá à identificação das lacunas de competências e à necessidade de canalizar recursos e energia para a formação. Assim, este estudo teve como objetivo identificar as competências técnicas autóctones dos agricultores e o nível de competências dos ADTs na PIP, numa tentativa de conceber um modelo de formação de competências.

## 6.2 Metodologia

A população para o estudo foi constituída por 312 avicultores indígenas (IPFs) de 14 aldeias (Woburn, Dyamala, Bergplaas, Ncera, Ntselamanzi, Msobomvu, Melani, Khayalethu, Kwezana, Gqumahashe, Hala, Alice, Hopefield e Mbizana LHP) no município de Nkonkobe (NM) e todos os ADTs foram a população-alvo da DRDAR, no município de Nkonkobe. Os dados foram recolhidos utilizando a técnica de bola de neve para os FPI. Os questionários para os ADTs foram distribuídos nos escritórios da DRDAR em Alice, Middledrift e no Cape College em Fort Beaufort. A recolha dos questionários foi efectuada pela mesma via.

A avaliação das competências para as IPFs e ADTs foi efectuada através de um questionário de escala de Likert desenvolvido a partir de uma revisão da literatura relevante sobre as competências essenciais para a produção avícola indígena (IPP). Foi identificado um total de 32 itens de competências no âmbito das actividades de produção, incluindo o alojamento, a alimentação, a reprodução, os cuidados de saúde, a comercialização e a manutenção de registos. Os questionários consistiam em perguntas que solicitavam informações com base no nível de competência de avaliação das competências, que variava entre mau (1), razoável (2), bom (3), muito bom (4) e excelente (5). As pontuações totais e médias de perceção foram calculadas para cada item de habilidade, após o que uma pontuação média de corte de 3,5 [(1 + 2 + 3 + 4 + 5)/5 + 0,5)] foi usada para diferenciar a lacuna de habilidades para os IPFs e os ADTs em $x \geq 3$. 5 classificado como competente e $x < 3{,}5$ classificado como deficiente.

A validade de conteúdo e de face do questionário foi estabelecida por um perito em PIP e por um perito em extensão agrícola do Instituto de Investigação em Desenvolvimento Agrícola e Rural (ARDRI) e do Departamento de Economia e Extensão Agrícola da Universidade de Fort Hare, respetivamente. O coeficiente de fiabilidade alfa de Cronbach foi de 0,92. Os questionários foram administrados pelo autor, assistido por dois técnicos de extensão agrícola e seis enumeradores de maio a novembro de 2012.

### 6.2.1 Análise dos dados

Foi efectuada uma análise estatística descritiva e uma análise exploratória das componentes principais (ACP) (técnica de rotação ortogonal) dos dados recolhidos para as FPI, utilizando o SPSS versão 20 (2012). Não foi possível efetuar uma ACP nos TDA porque a população amostrada era inferior à dimensão aceitável da amostra de 300 (Tabachnick & Fidell, 2001) e 150 (Field, 2009). Foram utilizadas estatísticas descritivas e inferenciais, incluindo médias, desvios-padrão, frequências e percentagens.

## 6.3 Resultados

### 6.3.1 Distribuição demográfica dos técnicos de desenvolvimento agrícola (TDA) e dos avicultores autóctones (AIP)

Os dados foram recolhidos junto dos ADTs (os extensionistas), que consistiam em 15 homens (45,45%) e 18 mulheres (54,54%). Cinquenta e três por cento dos extensionistas eram casados e a média de idade era de 40,97 anos (DP=7,393). A maioria (57,59%) era titular de um diploma de extensão agrícola e 42,42% eram titulares de um diploma de extensão agrícola. Os IPFs eram constituídos por 237 (76%) mulheres e 75 (24%) homens. A média de idade foi de 47,61 anos (DP 1,220). A maioria (45,5%; n=312) era casada, e o nível de alfabetização da população total era de 97,1%. A maioria (35,2%; n=312) aprendeu as suas competências técnicas indígenas de maneio das galinhas com a mãe. Quase não havia (99,7%; n=312) pacotes de extensão sobre PIP para os agricultores da área de estudo (Tabela 6.1).

**Quadro 6.1: Fontes de conhecimento e serviços de extensão de apoio aos agricultores**

| **Sources of knowledge in IPP by the respondents** | N | % |
|---|---|---|
| Mother | 110 | 35.2 |
| Parent (both father and mother) | 95 | 30.4 |
| Self learning | 54 | 17.3 |
| From friends and neighbors | 7 | 2.2 |
| Parent and further self learning | 43 | 13.8 |
| Brother / family member | 3 | 1.0 |
| **Total** | **312** | **100.0** |
| **Extension support to farmers on local chicken by public extension services** | N | % |
| No | 311 | 99.7 |
| Yes | 1 | .3 |
| **Total** | **312** | **100.0** |

## 6.3.2 Nível de competência de avaliação das aptidões dos avicultores indígenas (IPF) e dos técnicos de desenvolvimento agrícola

### 6.3.2.1 Competências de gestão de pragas e doenças

O quadro 6.2 indica os níveis de competência em matéria de gestão de pragas e doenças entre os PIF e os ADT. A tabela revela que os IPFs tinham competências em cinco das oito competências examinadas, enquanto os ADTs mostraram competência abaixo do valor crítico de x =≥3,5 em todos os oito parâmetros avaliados. Os IPFs mostraram competências elevadas na capacidade de identificar predadores de galinhas (x =3,92), métodos de tratamento etno-veterinário de galinhas (x =3,72), e controlo de predadores (x =3,77), entre outros.

**Quadro 6.2: Competências em matéria de gestão de pragas e doenças**

| | Items | Mean IPFs n=312 | SD IPFs | Remarks IPFs | Mean ADTs n=33 | SD ADTs | Remarks ADTs |
|---|---|---|---|---|---|---|---|
| 1 | Identify signs of diseases in birds | 3.69 | .824 | CO | 3.31 | .855 | NCO |
| 2 | Identify ecto parasites in birds | 3.51 | .935 | CO | 3.15 | .376 | NCO |
| 3 | De-worm birds | 2.12 | 1.146 | NCO | 3.46 | .519 | NCO |
| 4 | Administer drugs to sick birds | 3.22 | .971 | NCO | 2.69 | .630 | NCO |
| 5 | Identify chicken predators | 3.92 | .928 | CO | 3.15 | .987 | NCO |
| 6 | Control of predators | 3.77 | 1.066 | CO | 2.85 | 1.144 | NCO |
| 7 | Disposing dead birds | 3.16 | 1.395 | NCO | 2.54 | .776 | NCO |
| 8 | Methods of ethno-veterinary drugs to treat diseases and parasites | 3.72 | 1.160 | CO | 2.31 | .480 | NCO |

**Chaves**: CO=Competência Observada, NCO=Sem Competência Observada

### 6.3.2.2 Alimentos e matérias-primas para alimentação animal

O Quadro 6.3 indica que tanto os IPFs como os ADTs não tinham a capacidade de identificar materiais de alimentação locais, para além do milho, que pudessem ser usados para preparar rações suplementares. Na realidade, os avicultores indígenas dependiam do milho ou dos grãos de arroz para alimentar as aves como suplementos que têm implicações tanto económicas como de segurança alimentar.

**Quadro 6.3: Competências em matéria de alimentos para animais e de géneros alimentícios**

| | Items | Mean IPFs n=312 | SD IPFs | Remarks IPFs | Mean ADTs n=33 | SD ADTs | Remai ADTs |
|---|---|---|---|---|---|---|---|
| 1 | Use of local feeding stuff to feed birds of different age groups | 2.55 | .944 | NCO | 2.85 | .899 | NCO |
| 2 | Identify local feedstuffs at different period of the year to feed birds | 2.34 | .894 | NCO | 3.00 | .000 | NCO |
| 3 | Use of supplementary feeding for birds of different age groups | 2.21 | 1.037 | NCO | 2.54 | .519 | NCO |

**Chaves**: CO=Competência Observada, NCO=Sem Competência Observada

### 6.3.2.3 Seleção e gestão dos bandos e dos pintos

De todos os parâmetros avaliados no Quadro 6.4, os IPFs

eram competentes na capacidade de identificar aves de alto rendimento (x = 3,79) e na proteção dos pintos contra doenças, pragas e predadores (x = 3,52). Os resultados indicam que não existia um programa de reprodução. O sistema de criação de animais baseava-se no acaso. O nível de competência demonstrado pelos ADTs foi muito baixo em todos os parâmetros, enquanto os IPFs também demonstraram competências fracas em seis dos oito itens de competências.

**Tabela 6.4: Seleção e gestão de bandos e pintos competências**

| Items | Mean n=312 | IPFsSD IPFs | Remarks IPFs | Mean n=33 | ADTsSD ADTs | Remarks ADTs |
|---|---|---|---|---|---|---|
| 1 Ability to identify high yielding birds | 3.79 | 2.524 | CO | 2.85 | .555 | NCO |
| 2 Care of chicks against diseases and pests and predators | 3.52 | 1.039 | CO | 3.15 | .689 | NCO |
| 3 Artificial brooding | 2.93 | 2.189 | NCO | 2.00 | .913 | NCO |
| 4 Supplementary feeds for brooding hen and chicks | 2.88 | 1.176 | NCO | 2.85 | .555 | NCO |
| 5 Identify laying conditions in hen | 3.45 | 1.019 | NCO | 2.92 | 1.038 | NCO |
| 6 Culling as a result of diseases | 3.01 | 3.125 | NCO | 2.92 | .760 | NCO |
| 7 Culling due to old age of birds | 3.04 | 3.100 | NCO | 2.08 | .760 | NCO |
| 8 Culling due to poor productivity | 2.88 | 1.176 | NCO | 2.62 | .768 | NCO |

**Chaves**: CO=Competência Observada, NCO=Sem Competência Observada

### 6.3.2.4 Competências em matéria de alojamento e equipamento

A maioria dos IPFs mostrou competência na capacidade de usar materiais locais para fazer caixas de ninho (x = 3,66) e improvisar bebedouros e comedouros (x = 3,61). Outros factores essenciais ao alojamento e diretamente proporcionais aos cuidados de saúde das aves foram muito baixos (Quadro 5); por exemplo, o conhecimento das ninhadas e do maneio (x = 1,98) e a desinfeção do recinto após o período de criação (x = 1,87). Os ADT não demonstraram competências em nenhum dos itens avaliados no domínio do alojamento e do equipamento.

**Quadro 6.5: Competências em matéria de alojamento e equipamento**

| Items | Mean n=312 | IPFsSD IPFs | Remarks IPFs | Mean n=33 | ADTsSD ADTs | Remarks ADTs |
|---|---|---|---|---|---|---|
| 1 Shelter construction with local materials | 2.99 | 1.181 | NCO | 2.85 | .689 | NCO |
| 2 Cleaning poultry house | 2.03 | 1.300 | NCO | 3.00 | .707 | NCO |
| 3 Knowledge of litters and management | 1.98 | 1.155 | NCO | 2.85 | .801 | NCO |
| 4 Disinfecting pen after brooding period | 1.87 | 1.274 | NCO | 3.15 | .801 | NCO |
| 5 Prepare brood for hens | 2.82 | 1.137 | NCO | 3.00 | .577 | NCO |
| 5 Make perches | 3.12 | 1.139 | NCO | 3.31 | .480 | NCO |
| 6 Make nesting boxes using local materials | 3.66 | 1.352 | CO | 2.85 | .801 | NCO |
| 7 Improvise drinkers and feeders with local materials | 3.61 | 1.347 | CO | 2.54 | .660 | NCO |

**Chaves**: CO=Competência Observada, NCO=Sem Competência Observada

### 6.3.2.5 Manutenção de registos e competências de marketing

A importância da manutenção de registos e do acesso aos mercados é crucial em qualquer empresa agrícola. A manutenção de registos é um indicador eficaz de que a empresa agrícola está a avançar na direção certa ou não. No entanto, o quadro 6 indica que tanto os PIFs como os ADTs não possuem as competências necessárias para manter registos. Os PIFs demonstraram um fraco conhecimento do mercado local para o CI, o que pode ser atribuído ao facto de a maioria (69,5%; n=312) ter criado os frangos para consumo doméstico.

**Quadro 6.6: Manutenção de registos e competências de comercialização**

| Items | Mean n=312 | IPFsSD IPFs | Remarks IPFs | Mean n=33 | ADTsSD ADTs | Rem: ADTs |
|---|---|---|---|---|---|---|
| 1 Record keeping of flocks, sex, hatching period and age | 1.44 | .850 | NCO | 2.77 | .927 | NCO |
| 2 Sales of eggs | 1.16 | .520 | NCO | 2.92 | .954 | NCO |
| 3 Sales of chicken | 1.53 | 1.008 | NCO | 3.38 | .650 | NCO |
| 4 Slaughtering and dressing of local chicken for markets | 1.74 | 1.115 | NCO | 3.00 | .707 | NCO |
| 5 Knowledge of markets for local chickens outside the village or in the cities | 2.38 | 1.439 | NCO | 3.23 | 1.092 | NCO |

**Chaves**: CO=Competência Observada, NCO=Sem Competência Observada

## 6.4 KMO e teste de Bartlett para as 32 componentes de competências

Os 32 itens de competências foram submetidos à análise das componentes principais (ACP) (técnica de rotação ortogonal). Antes de efetuar a ACP, foi realizado um teste para verificar a adequação dos dados à análise fatorial. A inspeção da matriz de correlação revelou a presença de muitos coeficientes de .4 e superiores. O valor de Kaiser-Meyer-Olkin (KMO) foi de 0,914, excedendo o valor recomendado de 0,5 (Field, 2009). O teste de esfericidade de Bartlett foi significativo a $p<0{,}001$, apoiando a factorabilidade da matriz de correlação. Foi efectuada uma análise de componentes principais (ACP) com rotação varimax para verificar a dimensionalidade das medidas dos itens de competências. O valor Eigen e o gráfico Scree sugeriram um item de competências com 6 factores (Tabela 6.7). Os seis factores representaram 77,317% da variância dos resultados. As cargas dos itens no fator variaram entre 0,523 e 0,93. Foram extraídos os seis componentes que tinham um valor Eigen >1. São eles:

1. Identificar os sinais de doenças nas aves;
2. Identificar os ectoparasitas das aves;
3. Desparasitar as aves;
4. Administrar medicamentos às aves doentes;
5. Identificar os predadores de galinhas;
6. Controlo dos predadores.

Antes da rotação, a componente principal (capacidade de identificar sinais de doenças nas aves) representava mais variância do que as restantes cinco (36,785% em comparação com 11,681, 9,727, 7,956, 6,168 e 5,174, respetivamente).

**Tabela 6.7: Variância total dos valores Eigen dos 32 itens de competências**

| Total Variance Explained | | | | | | |
|---|---|---|---|---|---|---|
| Component | Extraction Sums of Squared Loadings | | | Rotation Sums of Squared Loadings | | |
| | Total | % of Variance | Cumulative % | Total | % of Variance | Cumulative % |
| 1 | 11.771 | 36.785 | 36.785 | 5.178 | 18.182 | 18.182 |
| 2 | 2.778 | 11.681 | 48.466 | 5.079 | 17.871 | 36.053 |
| 3 | 2.153 | 9.727 | 58.193 | 3.625 | 13.327 | 49.380 |
| 4 | 1.906 | 7.956 | 66.149 | 3.190 | 11.969 | 61.349 |
| 5 | 1.334 | 6.168 | 72.317 | 2.870 | 10.969 | 72.318 |
| 6 | 1.205 | 5.174 | 77.491 | 2.528 | 5.173 | 77.491 |
| Extraction Method: Principal Component Analysis. | | | | | | |

Utilizando o critério de Kaiser, foram extraídos seis componentes. O gráfico de Scree indica um corte claro entre o componente 1, que captou a maior parte dos resultados da variância, e os restantes cinco componentes. A fim de determinar o número de componentes a reter, foi efectuada uma análise paralela. O resultado (Tabela 6.8) sugere que apenas cinco componentes sejam mantidos.

**Quadro 6.8 Comparação dos valores Eigen da ACP e dos valores de critério da análise paralela**

| Component number | Actual Eigen value from PCA | Criterion value from Parallel Analysis | Decision |
|---|---|---|---|
| 1 | 11.771 | 1.720033 | Accepted |
| 2 | 2.778 | 1.631054 | Accepted |
| 3 | 2.153 | 1.539073 | Accepted |
| 4 | 1.906 | 1.487967 | Accepted |
| 5 | 1.334 | 1.304664 | Accepted |
| 6 | 1.016 | 1.387546 | Rejected |

O quadro 6.9 mostra as cargas dos factores após a rotação. O item de competências que se agrupou na mesma componente sugere que a Componente 1 representa a criação, o abrigo e os cuidados a ter com os pintos; a Componente 2, os predadores e os cuidados de saúde; a Componente 3, a higiene e a gestão das camas; a Componente 4, as rações e os alimentos, e a Componente 5 representa a manutenção de registos e a comercialização.

## Quadro 6.9: Cargas factoriais

Rotated component matrix[a]

| | | Component | | | | |
|---|---|---|---|---|---|---|
| | | 1 | 2 | 3 | 4 | 5 |
| Supplementary feeds for brooding hen and chicks | .719 | .706 | | | | |
| Make perches | .701 | .706 | | | | |
| Prepare brood for hens | .721 | .688 | | | | |
| Care of chicks against diseases and pests and predators | .703 | .665 | | | | |
| Artificial brooding | .444 | .602 | | | | |
| Make nesting boxes using local materials | .576 | .585 | | | | |
| Shelter construction with local materials | .645 | .573 | | | | |
| Identify laying conditions in hen | .568 | .554 | | | | |
| Improvise drinkers and feeders with local materials | .652 | .551 | | | | |
| Culling due to poor productivity | .566 | .542 | | | | |
| Ability to identify high yielding birds | .234 | .541 | | | | |
| Identify chicken predators | .769 | | .840 | | | |
| vControl of predators | .756 | | .826 | | | |
| Identify ecto parasites in birds | .741 | | .739 | | | |
| Identify signs of diseases in birds | .672 | | .671 | | | |
| Administer drugs to sick birds | .616 | | .660 | | | |
| Methods of ethno-veterinary drugs to treat diseases and parasites | .687 | | .651 | | | |
| Disposing dead birds | .417 | | .469 | | | |
| Culling as a result of diseases | .154 | | | | | |
| Cleaning poultry house | .786 | | | .840 | | |
| Disinfecting pen after brooding period | .732 | | | .809 | | |
| Knowledge of litters and management | .792 | | | .764 | | |
| De-worm birds | .524 | | | .492 | | |
| Identify local feedstuffs at different period of the year to feed birds | .812 | | | | .824 | |
| Use of supplementary feeding for birds of different age group | .721 | | | | .787 | |
| Use of local feeding stuff to feed birds of different age groups | .778 | | | | .781 | |
| Culling due to old age of birds | .140 | | | | | |
| Sales of eggs | .642 | | | | | .765 |
| Slaughtering and dressing of local chicken for markets | .750 | | | | | .756 |
| Sales of chicken | .673 | | | | | .736 |
| Record keeping of flocks, sex, hatching period and age | .548 | | | | | .625 |
| Knowledge of markets for local chickens outside the village or in the cities | .702 | | | | | .571 |

Extraction method: Principal component analysis.

Rotation method: Varimax with Kaiser normalization.

## 6.5 Discussão

O estudo teve como objetivo identificar as competências técnicas indígenas (ITS) possuídas pelos IPFs e ADTs na sequência de estudos de base de auditoria de conhecimentos e competências sobre a produção avícola indígena (IPP). As FPI eram competentes ($x \geq 3,5$) em nove dos 32 itens de competências analisados, que incluem a capacidade de identificar doenças nas aves; identificar ectoparasitas; administrar medicamentos etno-veterinários para tratar doenças e parasitas; identificar aves de alto rendimento e competências para fazer caixas de nidificação utilizando materiais locais; cuidar dos pintos contra doenças, pragas e predadores; e improvisar bebedouros e comedouros com materiais locais. A maioria (35,5%; n=312) dos IPFs afirmou ter aprendido as competências técnicas com as suas mães, enquanto um número substancial (30,4%) atribuiu a aquisição das suas competências tanto ao pai como à mãe. Os pais são os primeiros e mais duradouros professores das crianças (Kaiser e Hancock, 2003), transferindo o património familiar de competências empresariais para os jovens através da educação informal. Os resultados identificaram uma baixa capacidade entre os agricultores e a falta de motivação dos extensionistas, uma vez que não havia informação de extensão divulgada aos agricultores (99,7%; n=312) sobre a PIP nas áreas de estudo. O fraco desenvolvimento de competências tem sido relatado como um obstáculo a uma PIP rentável e sustentável. As conclusões de Mlozi *et al.* (2003) confirmaram a falta de competências e de formação necessárias para o maneio das galinhas, de modo a melhorar a produção doméstica de galinhas. A falta de competências adequadas para a criação de galinhas (Safalaoh, 2001), competências técnicas limitadas, conhecimentos e tecnologias apropriadas (Gueye, 2002; Morrison, Murray & Ngidang, 2006; Alders, Pym & Rushto, 2009), ineficiência técnica (Keramidou & Mimis, 2011) e fraca educação e formação dos agricultores envolvidos na avicultura familiar (Gueye, 2005) são alguns dos desafios que negam o bom desempenho da indústria de PIP. As conclusões justificaram ainda o fosso crescente entre as competências técnicas autóctones dos agricultores e as competências de conhecimento científico necessárias para a melhoria (Branckaert, Gaviria, Jallade & Seiders, 2000; Gueye, 2009). No entanto, a formação de competências e o desenvolvimento de capacidades dos agricultores foram confirmados por vários estudos como sendo capazes de melhorar a escala de produção na agricultura industrial (Natukunda, Kugonza e Kyarisiima (2011), Roothaert, Ssalongo & Fulgensio (2011), Riise *et al.* (2004), Eskola & Gasperine (2010), Farooq, Shakir, Mian, Mussawar, Durrani & Cheema (2004); Shamsuddoha & Sohel (2004)).

As constatações sobre os ADTs indicam um fraco desenvolvimento de competências em relação à produção avícola indígena. As fracas competências dos extensionistas foram confirmadas na literatura (DAFF, 2008 e Relatório ECP, 2010/2011). No entanto, as suas fracas competências em PIP podem não ser inteiramente culpa dos ADTs se a sua formação nas Faculdades ou Universidades não cobrir o tópico. Além disso, a falta de conteúdos de PIP no programa de formação de desenvolvimento de capacidades dos ADT não ajuda. Taylor (1999) mencionou um estudo sobre o ensino e a formação agrícola na África Subsariana (Wallace, Mulhall & Taylor, 1996), que indicava que muitos currículos do ensino agrícola apresentam graves deficiências. O estudo concluiu que muitos currículos não respondem às mudanças socioeconómicas e tecnológicas no sector rural e são inadequados para o contexto local. Além disso, muitos currículos não envolvem qualquer forma de análise sistemática das necessidades de formação e muitas vezes adoptam modos e mecanismos de ensino que não se adequam à realidade dos habitantes das zonas rurais, que são na sua maioria agricultores (Rodriguez & Bang, 1999).

Numa tentativa de identificar os itens de competências críticas na conceção de um programa de formação para avicultores indígenas, deve ser dada atenção aos factores extraídos das componentes. Por conseguinte, foi elaborado um roteiro sugerido de actividades (Quadro 6.10).

### Quadro 6.10: Roteiro de formação

| Critical factors identified | Suggested activities for the road map |
|---|---|
| Brooding, shelter and care of the chicks | Advice on designing an appropriate chicken housing structure made of local materials, designed to be appropriate and flexible chicken runs. Training area to include a breeding program. The concept of artificial incubation using simple incubators and hatcheries. |
| Predators and healthcare | Research into ethno-vaccination and ethno-veterinary concoctions is suggested. A simple housing using local materials for the chicks and fenced chicken runs to guide against predators. |
| Hygiene and litter management | Advice on materials for litter, and sanitation. The constituents of litters, management, a preventative rather than curative program through good hygiene. |
| Feeds and feeding stuff | Scavenging Feed Resource Base (SFRB) assessment of the province. Training on the establishment of protein banks through the cultivation of leguminous crops adaptable to the climatic conditions that could serve as plant supplements to the chickens. Advice on locally available feed ingredients and mixing, the making of feeders, and drinkers; regular provision of feed and water. |
| Record keeping and marketing | Training of farmers in simple record keeping, management and marketing tips. |

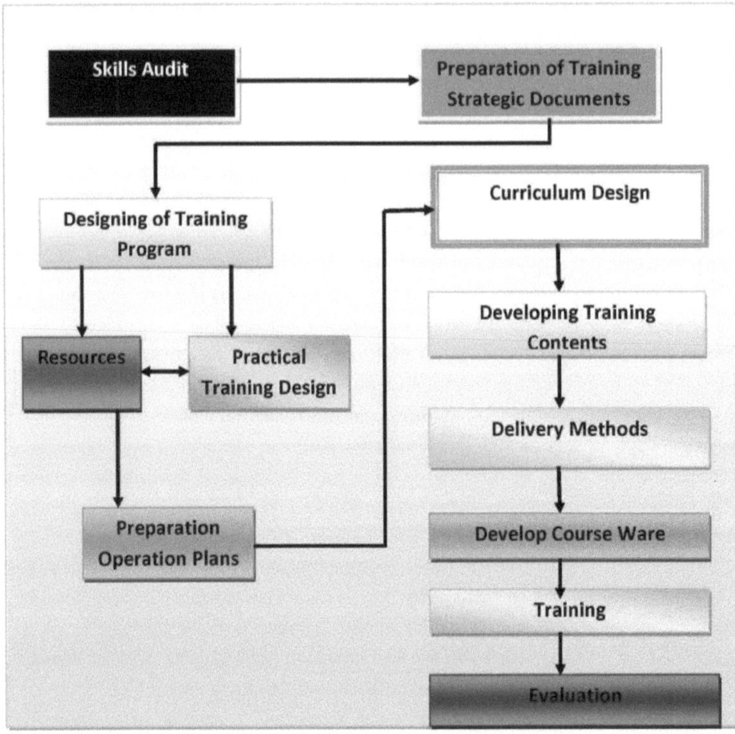


**Figura 6.1**: Programa conceptualizado de formação para técnicos de desenvolvimento agrícola (TDA)

O programa de conceção da formação foi concebido para satisfazer as necessidades dos agricultores, que são os utilizadores finais da formação dos ADTs. As etapas envolvidas foram:

a. Auditoria de conhecimentos e competências que conduzirá à preparação dos documentos de estratégia de formação;

b. Desenvolvimento de um currículo funcional e orientado para a prática que abranja todas as fases da produção avícola indígena;

c. O desenvolvimento das capacidades das EDA será

ancorado em aspectos teóricos e práticos dos cinco factores críticos identificados no roteiro de formação (Quadro 10);

d. Criar uma oferta de formação que satisfaça as necessidades específicas das EDA e das FPI;

e. A formação será medida através de um programa de avaliação.

## 6.5 Conclusão

A produção avícola autóctone tem permanecido em grande medida pouco sofisticada, uma vez que os agricultores não dispõem de conhecimentos técnicos aprofundados ou das competências necessárias para uma boa produção. Os serviços de extensão ou as instituições não têm feito um esforço consciente para desenvolver as capacidades das IPFs. Observou-se também a falta de competências dos ADTs. Esta situação criou múltiplos desafios, o que, como resultado, criou um programa de expansão limitado para a produção, porque os agricultores fazem uso apenas das competências locais. Outros desafios, tais como uma base limitada de recursos alimentares, predadores e alojamento deficiente, obrigaram os agricultores a permanecerem estagnados, hesitantes em investir e extremamente cautelosos na expansão. No entanto, o sector continua nas mãos de agricultores que, devido à sua fraca capacidade económica, não são capazes de tomar medidas corajosas. Contentam-se com os poucos benefícios que a avicultura autóctone lhes pode proporcionar. Se esta situação se mantiver, a PIP poderá continuar a ser rudimentar. Se não for posto em prática um programa adequado de desenvolvimento das capacidades dos agricultores, dos extensionistas e de outros actores nas linhas de produção, gestão e comercialização, as coisas não mudarão. Com base nestas constatações, recomenda-se, portanto, que: Um currículo de formação prática deve ser desenvolvido e utilizado para desenvolver a capacidade tanto dos ADTs como dos IPFs.

# CAPÍTULO 7

# UM MODELO DE PRODUÇÃO AVÍCOLA AUTÓCTONE PARA A REDUÇÃO DA POBREZA RURAL NA PROVÍNCIA DE CABO VERDE: CONCEPÇÃO TEÓRICA DE UM SISTEMA COOPERATIVO DE ALDEIA

## 7.1 Introdução

De acordo com o objetivo de desenvolvimento do milénio, o ano limite para reduzir a pobreza para metade é 2015. Faltam agora dois anos para o prazo, mas como é que a África do Sul (SA) se tem saído até agora? De acordo com o relatório do Conselho Consultivo Socioeconómico do Cabo Oriental (ECSECC) (2012:13), o objetivo continua a ser uma miragem. Este relatório indica que há cerca de 22 milhões (44%) de pessoas a viver na pobreza na África do Sul e quase 3,9 milhões (57%) vivem no Cabo Oriental. Um relatório do Human Sciences Research Council (HSRC), (citado por Cohen, 2008: 9), indica que há 12 milhões de crianças a viver na pobreza. Quatro milhões destas crianças estão a passar fome e 40% têm problemas de crescimento. A pobreza, descrita como "multidimensional" por natureza (Ravallion, 2011; Grewal, Grunfeld & Sheehan, 2012), é mais prevalente nas zonas rurais (Sodjinou, 2011), sendo a agricultura o centro das suas vidas (Meyer, Breitenbach, Fenyes & Jooste, 2009). Diz-se que a agricultura é uma parte vital do crescimento económico e do desenvolvimento e um antídoto para a pobreza (Banco Mundial, 2007). Um relatório da Organização para a Cooperação e o Desenvolvimento Económico (OCDE) (2006) intitulado "Promoting Pro-Poor Growth Agriculture" indica que um grande número de economias em todo o mundo desenvolveu a sua riqueza a partir da agricultura. O Fórum para a

Investigação Agrícola em África (FARA) (citado em Williams, Mayson, Satge, Epstein & Semwayo 2008:4) sustenta que, por cada aumento de 1% na produtividade agrícola em África, a pobreza é reduzida em 0,6%. Surgiram fortes evidências empíricas, alinhando a redução da pobreza mais com a melhoria no sector agrícola do que a obtida no sector transformador (Grewal, Grunfeld & Sheehan, 2012:59). O sector agrícola é frequentemente visto como um segmento importante para o crescimento da economia, contribuindo para a redução da pobreza (Agenor, Aizenman & Hoffmaister, 2004:29). Em reconhecimento da importância deste sector pelo governo sul-africano, foram iniciadas várias políticas, programas e projectos internacionais e nacionais para fazer crescer rapidamente o sector e reduzir a pobreza. No entanto, o programa de acções das várias iniciativas nunca considerou o uso de IPP como uma solução eficaz, simples e acessível. Como resultado, a indústria avícola indígena continua a ser uma fonte económica potencial inexplorada. Foi neste contexto que este estudo analisou as opções de crescimento agrícola que podem apoiar a formação de uma componente de desenvolvimento rural mais abrangente utilizando a PIP. Em particular, o estudo procurou reposicionar a paisagem económica rural, com uma empresa agrícola sustentável, através do desenvolvimento de um modelo de PIP. Para este efeito, bem como para ajudar os decisores políticos e outros intervenientes a tomar decisões informadas, foi desenvolvido um modelo concetual de avicultura indígena para a província rural do Cabo Oriental (PCE). Para este efeito, o estudo baseou-se nas modalidades de trabalho, pontos fortes e fracos de vários modelos de PIP bem sucedidos utilizados noutros locais, nomeadamente o BPM, Rakai, a RIU, o modelo do Benim e o modelo *do Projet pour le Developpement* d'*Aviculture Villageois* (PDAV).

## 7.2 Metodologia

O desenvolvimento de um modelo é normalmente uma resposta a novas realidades e oportunidades emergentes. Consequentemente, não existe um modelo único para todos. A situação prevalecente num ambiente dita geralmente como e de que forma um modelo é moldado ou concebido. De acordo com Shafique & Mahmood (2010), o desenvolvimento de modelos é um método de investigação eficaz que fornece os ingredientes essenciais para a conceção de novos sistemas ou serviços. O seu desenvolvimento requer o cumprimento de alguns parâmetros, que, segundo Mandal, Khandekar, Singh & Khandekar

(2005:876), servem como indicadores de bons modelos. Os autores identificaram seis indicadores, que são a produtividade, a eficiência, a estabilidade, a durabilidade, a compatibilidade e a equidade. As abordagens para mobilizar recursos para a conceção de modelos variam, mas com uma base comum (Hagel & Brown, 2005). Os primeiros esforços para utilizar esta abordagem baseiam-se em factores "push" que são passivos, com uma abordagem de cima para baixo (Hagel & Brown, 2005:5). No entanto, a atenção está a mudar para uma abordagem "pull" que cria plataformas que ajudam as pessoas a mobilizar recursos quando surge a necessidade (Hagel & Brown, 2005: 5). Considera-se que um modelo tem um desempenho eficaz quando tem actividades incorporadas como um "sistema" (Allahyari, 2009: 783).

### 7.3.1 Conceção da investigação

A conceção da investigação para este estudo é a investigação qualitativa, que é uma abordagem e não um conjunto particular de técnicas. A sua adequação decorre da natureza dos fenómenos sociais a explorar (Morgan e Smircich, 1990:491).

Os pressupostos e a justificação para a utilização da conceção qualitativa são os seguintes

a. A conceção do modelo tem a ver com o processo, e não com os resultados dos produtos;

b. O modelo de produção previsto está relacionado com o significado, positivamente correlacionado com os padrões de subsistência dos agricultores a quem o modelo se dirige, as experiências e as estruturas que os rodeiam (o ambiente externo);

c. O investigador é o principal instrumento de análise da recolha de dados. Os dados são mediados por este instrumento humano, e não por inventários, questionários ou máquinas;

d. A investigação qualitativa é um trabalho de campo. Isto significa que o investigador interage com o ambiente de estudo onde os inquiridos são observados. Neste caso, foram observados os contextos da aldeia, os métodos de produção de aves de capoeira (alojamento, alimentação, cuidados de saúde, criação), as atitudes comportamentais em relação aos questionários sobre os seus padrões de vida, o que permite obter uma opinião informada sobre a qual foi concebido o modelo concetual;

e. O estudo é descritivo. Os principais pontos de atenção do investigador são os processos, o significado e a compreensão que se obtêm através de discussões, captura de fotografias, informação cultural, actividades económicas comportamentais, meios de subsistência e razões para aspectos específicos do modelo, como, neste caso, alojamento, alimentação, cuidados de saúde, reprodução;

f. O carácter indutivo da investigação qualitativa dá apoio à construção de abstracções, conceitos, hipóteses e teorias a partir de pormenores que criam o modelo conceptualizado (Adaptado de Merriam, 1988:19-20).

Neste estudo, foi utilizado o conceito de "Teoria do Sistema Aberto" (TSO). A OST concebe uma organização como uma combinação de partes com relações interdependentes e aberta a interações com o ambiente externo (Hanson, 1996; Hanna, 2000). De acordo com Thien & Nordin (2012), o ambiente externo é considerado como regulamentos governamentais, forças socioculturais, económicas e políticas que influenciam o funcionamento da OST. De acordo com Hanna (2000 citado em Thien & Nordin, 2012), o ambiente externo é um dos factores influentes que determinam a sobrevivência de um sistema. Um sistema social é um ambiente que permite que duas ou mais pessoas trabalhem em conjunto e de forma coordenada para a realização de objectivos comuns (Norlin, 2009 citado em Lunenburg, 2010: 2). A OST vê as organizações como organismos orgânicos, vivos e à procura de objectivos, com estruturas e sistemas que atingem o equilíbrio no contexto do seu clima interno e suportam as forças e pressões externas para se manterem à tona (Breckenridge Institute, 2013:4).

Um sistema aberto é composto por três elementos que constituem a organização orgânica perfeita. São eles: a visão estratégica; a execução; e o clima organizacional. O sistema social tem caraterísticas que incluem pessoas, uma natureza orientada para objectivos, a realização de objectivos através de um esforço coordenado e a interação com o ambiente externo (Norlin, 2009). O modelo de sistema aberto é composto pelas condições ambientais (físicas, sociais, económicas, culturais) e pelas fontes de recursos organizacionais. Dentro dos dois compartimentos encontram-se

a. Não-membros residentes no local de origem da filiação (filiação voluntária);

b. Os recursos - as competências técnicas, atitudes e crenças que são comuns aos membros;

c. A estrutura organizacional - esta é a estrutura sobre a qual a organização será criada e as suas funções;

d. O clima organizacional: O sentido de coesão, o foco na tarefa e o controlo da liderança da organização;

e. Recursos internos: As tendências atitudinais e comportamentais dos membros.

Resultados: A manutenção como entidade na comunidade e o patrocínio de actividades em torno de programas e projectos (Figura 7.1).

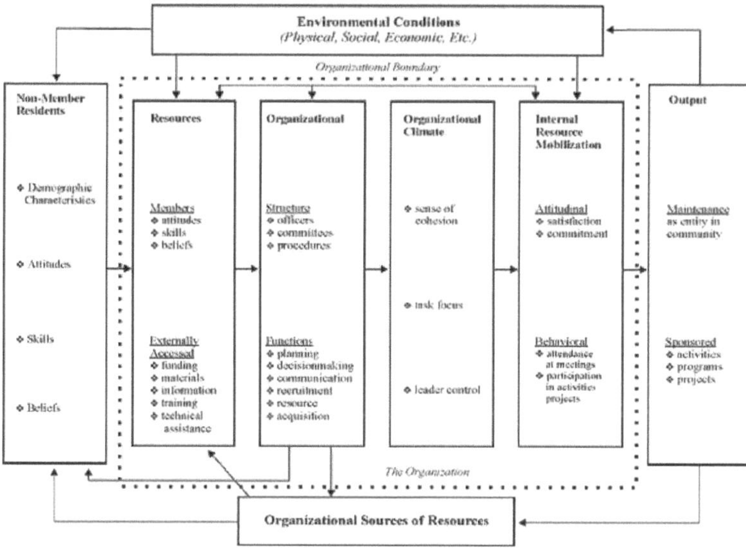


**Figura 7.1**: O Modelo de Sistemas Abertos. Adaptado de Chavis, Florin & Felix, (1992)

No entanto, existem processos básicos fundamentais que são muito importantes para a medição tanto das entradas como das saídas da organização. De acordo com Hanna (2000), estes processos incluem

a. Entropia negativa - a entropia negativa indica a capacidade de um sistema importar mais do que exportar, alterando o seu objetivo de modo a satisfazer as necessidades ambientais;

b. Especialização - a especialização refere-se à formação de novas funções especializadas para fazer face ao crescimento do processo, de modo a que o estado estacionário possa ser alcançado ou mantido;

c. Equifinalidade - A equifinalidade é indicativa quando o sistema atinge o mesmo estado final ou resulta de uma variedade de condições ou trajectórias iniciais;

d. Feedback- O feedback refere-se à informação sobre a entrada que mede a aceitabilidade da saída e dos objectivos do sistema. Existem dois tipos de feedback: o feedback positivo e o feedback negativo. O feedback construtivo mede se os objectivos desejados estão alinhados com as exigências ambientais, enquanto o feedback negativo mede se o resultado está alinhado com os objectivos desejados;

e. Equilíbrio - O equilíbrio ou o estado estacionário do sistema refere-se à tendência natural do sistema para estabilizar os seus processos de transformação dentro de um determinado limite. O equilíbrio é necessário para assegurar a sobrevivência de uma organização.

De acordo com Thien & Nordin (2012:891), os cinco processos organizacionais fundamentais são importantes quando o sistema se rompe ou atinge o desequilíbrio devido à falha nos objectivos do sistema para satisfazer as necessidades ambientais. Os autores explicaram ainda que, no ponto de desequilíbrio, a entropia negativa reagirá diretamente para aumentar a capacidade do sistema de exercer mais energia para a entrada da organização. Quando isso ocorre, o sistema forma, pelo menos, uma nova função para poder lidar com a demanda ambiental que excede a capacidade dos elementos. Com as organizações orgânicas, um estado de equifinalidade pode irromper. Isto explica os numerosos caminhos que podem ser operados para alcançar um estado de equilíbrio do sistema (Thien & Nordin, 2012). Um fator importante é o acesso à informação sobre o ambiente, tanto a partir das avaliações da comunidade como do feedback, incluindo as críticas, sobre as actividades organizacionais. O feedback deve ser cíclico, ou seja, continuamente repetido, para o planeamento, a implementação e os resultados futuros. O conteúdo analítico holístico do modelo sugere que os processos fundamentais de entropia negativa, especialização, equifinalidade, feedback e equilíbrio são essenciais para garantir a sobrevivência do sistema (Thien & Nordin, 2012).

### 7.4 Análise de alguns modelos de aves de capoeira indígenas em todo o mundo

#### 7.4.1 Modelo de aves de capoeira do Bangladesh

O modelo avícola do Bangladesh (BPM), de semi-coleção, tem uma longa história de desenvolvimento (Islam & Jabbar, 2005). A revolução no modelo avícola surgiu com as iniciativas de organizações não governamentais (ONG). O Bangladesh Rural Advancement Committee (BRAC), em parceria com o Department of Livestock Services (DLS), desenvolveu o BPM para aliviar a pobreza através de uma série de ensaios no terreno. De acordo com Islam & Jabbar (2005), o BPM consiste numa cadeia de abastecimento de sete tipos de empresas - criadores, mini-incubadoras, criadores de pintos, criadores de chaves, trabalhadores de aves de capoeira, vendedores de rações e colectores de ovos.

**Quadro 7.1: O modelo avícola do Bangladesh**

| Production | Supply | Service |
|---|---|---|
| Breeders | Parent stock | Village groups |
| Hatcheries | Feed | Training |
| Chicken rearers | Vaccine/ medicine | Credit/ saving |
| Smallholders | Marketing | Extension |

Fonte: Jensen & Dolberg (2003)

**Quadro 7.2: Os componentes da organização em três linhas do modelo avícola (Adaptado de DANIDA 1999) em: Permin *et al.* (2000)**

| Primary production | Input supply and marketing | Services to establish and maintain the model |
|---|---|---|
| 1. Mini hatcheries<br>Small low-cost hatcheries operated with solar energy and kerosene. Black pillows filled with rice husks are heated in the sun or by means of a kerosene lamp, and the eggs are placed into a | 1. Parent stock<br>The parent stock is supplied from government or an NGO hatchery at market price for day-old chicken. | 1. Surveys and group information<br>The involved NGOs perform area and household surveys. Potential beneficiaries are selected based on poverty criteria and organized to form small village groups with |

| | | |
|---|---|---|
| cylinder between two pillows for hatching.<br>Each hatchery has a capacity to hatch 1000 chickens per month. | | some 30 members each. The groups hold weekly meetings to discuss relevant subjects and new poultry holders are selected from the groups. |
| 2. Chicken rearers<br>Small rearing farms, each with a capacity of 200–300 chickens-4 batches per year. The chickens are reared in low cost houses from day-old to 8 weeks of age. The chickens are fed balanced feed supplied by the local feed mixers and sellers. | 2. Feed mixers and sellers<br>The feed is supplied by a number of small feed sellers located in the villages. The sellers purchase local by-products from the milling industry and mix it with fishmeal, vitamins, and mineral. A feed mixer and seller prepare and sells about 1 ton of feed per month. | 2. Training<br>Before a poultry holder is established, she must undergo a compulsory 3–day training program. Regular refreshers courses are also designed as follow up in the training. |
| 3. Pullet rearers<br>Small rearing farms which receive 8-week-old pullets from chicken rearers (or government farms) and rear them to the age of 18 weeks. | 3. Poultry workers<br>A number of poultry workers are trained to make simple diagnoses and vaccinate the birds.<br>The vaccine is supplied by the government and the poultry workers charge a vaccination fee. | 3. Credit<br>Depending on the activities, each group member is provided with a small loan ranging from US$25 to US$200. The repayment period is one year. |
| 4. Model breeders<br>Small low-cost parent farms with 25 parent hens per farm. The hens are kept in confinement and fed with balanced feed.<br>The parent stock is either RIR males and Fayoumi females or Fayoumi males and | 4. Egg collectors<br>Table eggs and chickens are collected from the key rearers by egg collectors and marketed in the nearby towns, or the poultry holders sell the eggs and chickens themselves in the village. | 4. Extension<br>Extension services are provided as cooperation between the government and the involved NGOs. |

| | |
|---|---|
| commercial hybrid females. | |
| 5. Key rearers (95% of the beneficiaries)<br>Small farms with only 10 hens, mainly improved breeds supplied by the chicken rearers, and a few hens of local breed.<br>The hens are kept under semi-scavenging conditions and fed with 30–70% supplementary feed. | 5. Research<br>Research is conducted as per identified needs by national and international universities and sector research institutions. |

O BPM apresentou alguns pontos fortes que permitiram o seu sucesso, incluindo uma combinação de caraterísticas técnicas e implementação pragmática que, entre outras coisas, se centrou diretamente nos recursos pobres e nas mulheres sem terra (Permin, Pedersen & Riise, 2000). As seguintes caraterísticas técnicas facilitaram a participação ativa das mulheres pobres no programa (Permin, *et al.* 2000):

a. Não foram necessárias afirmações de arranque;

b. O modelo baseou-se nos conhecimentos tradicionais de criação de aves de capoeira;

c. A utilização de factores de produção disponíveis localmente, em vez de factores de produção obtidos no exterior;

d. A estratégia de marketing tinha um mecanismo integrado de marketing e vendas (visando a aldeia e os mercados locais); e

e. O modelo tinha uma forte rede de actividades que incorporava os grupos comunitários. De acordo com Permin *et al.* (2000), o modelo foi capaz de alcançar os seguintes objectivos

a. As mulheres verdadeiramente pobres beneficiaram de uma participação ativa;

b. Contribuiu para a melhoria do estado nutricional dos agregados familiares;

c. Aumentou a consciencialização social das mulheres;

d. Promoveu o empoderamento económico das mulheres (as mulheres influenciam as decisões domésticas);

e. Gerou enormes oportunidades de emprego e de rendimento para os pobres. No entanto, o modelo não estava isento de algumas deficiências técnicas. Algumas dessas deficiências técnicas foram identificadas num relatório sobre seminários realizados no Bangladesh pela Network for Smallholder Poultry Development. De acordo com Permin *et al.* (2000), algumas das deficiências técnicas poderiam ser melhoradas através das seguintes estratégias:

a. Melhoria dos pacotes técnicos susceptíveis de os tornar economicamente mais viáveis;

b. É necessário assegurar melhor o abastecimento externo de factores de produção, tais como matrizes, vacinas e ingredientes para a alimentação animal;

c. Desenvolvimento das capacidades do pessoal das organizações não governamentais (ONG) (formação de formadores) para melhorar a qualidade dos beneficiários da formação do pessoal das ONG;

d. Reforçar as relações de trabalho entre as instituições governamentais e as ONG, através do desenvolvimento de procedimentos operacionais que darão orientações claras para a divisão do trabalho e das responsabilidades.

O modelo BRAC, de acordo com Dolberg, Mallorie & Brett (2002), foi identificado como tendo um potencial de desenvolvimento significativo, porque o seu estabelecimento se baseava em zonas rurais, exigia baixos níveis de competências e de capital para começar, tinha potencial para elevados retornos sobre o investimento, permitia o consumo de produtos de frango, o que melhorava a dieta, envolvia mulheres, que também abriam espaço para outras tarefas, tinha aceitabilidade cultural e era uma empresa em que as mulheres podiam manter a propriedade e o controlo do processo de produção e dos resultados daí decorrentes.

### 7.4.2 O modelo rakai

O modelo Rakai foi desenvolvido no Uganda pelos Indigenous Consultants Researchers and Trainers (INCORET) (Ssalongo, 2003). O modelo visava a sincronização da eclosão através de um programa de reprodução selectiva de galinhas locais para produzir um grande número de pintos de um dia exatamente da mesma idade (Roothaert, Ssalongo & Fulgensio, 2011: 223). A tecnologia infundida no modelo Rakai tem as seguintes vantagens, conforme descrito por Roothaert *et al.* (2011:223):

a. Criar espaço para um programa eficaz de vacinação dos pintos do dia, para a criação e para uma boa gestão da alimentação;

b. Possibilitar aos agricultores a conceção de estratégias de comercialização sobre a forma de eliminar as aves aquando da colheita;

c. Inovar a tecnologia local de incubação;

d. Melhorar os períodos de incubação por ano de duas para sete vezes por galinha;

e. Criar a vantagem comparativa de produzir pintos a preços mais baixos do que a produção comercial;

f. Introduzir tecnologias que sejam muito simples, económicas e sustentáveis.

#### 7.4.2.1 A técnica de produção do modelo rakai

O modelo implicava a utilização de galinhas locais de Rakai cruzadas com espécies melhoradas de bovinos, na proporção de 1:7. Cada galinha dispunha normalmente de um ninho de postura separado, com um ovo de engodo para iniciar a falsa incubação. Seguiu-se a remoção diária dos ovos postos para os conservar em segurança, causando um mínimo de perturbação às aves.

Uma vez iniciada a incubação com uma galinha sentada em ovos de engodo, deixou-se que a situação se mantivesse durante 10 dias, altura em que outras galinhas já se tinham juntado ao processo de incubação. Nesta fase, foram dados 17 ovos férteis a cada uma das galinhas em incubação. Exatamente três semanas mais tarde, os pintos nascem e são retirados. O processo pode então ser repetido para as galinhas.

#### 7.4.2.2 Criação dos pintos

A incubação é efectuada em condições higiénicas e o aquecimento é assegurado por briquetes de carvão vegetal caseiro.

#### 7.4.2.3 Programa de criação

O programa de reprodução modelo de Rakai foi um acordo tripartido que envolveu a INCORET, as Iniciativas de Desenvolvimento Integrado da Comunidade (CIDI) e os agricultores. O programa de criação envolveu um plano que utilizou tanto estirpes de aves locais como melhoradas. Foi dividido em quatro fases, que foram descritas por Roothaert *et al.* (2011:224) da seguinte forma:

a. Criação selectiva da galinha indígena Rakai para a produção de ovos;

b. Cruzamento das galinhas indígenas Rakai selecionadas com galos Bovan White, dando origem a uma descendência $Rakai_1$ ($R_1$) (Figura 7.1). Esta descendência pôs mais ovos e maiores do que as galinhas Rakai locais;

c. Cruzamento das galinhas $R_1$ com galos de carne selecionados para obter descendentes $Rakai_2$ ($R_2$). As aves $R_2$ têm a capacidade de crescer mais depressa e de engordar mais carne e, ao mesmo tempo, põem mais ovos do que as galinhas Rakai locais;

d. Cruzamento das galinhas $R_2$ com galos Rakai autóctones selecionados, a fim de introduzir uma maior resistência às doenças na descendência $Rakai_3$ ($R_3$) necessária, mantendo ao mesmo tempo a capacidade de crescer rapidamente, engordar mais carne e pôr mais ovos. O $R_3$ era o produto final desejado do plano de criação.

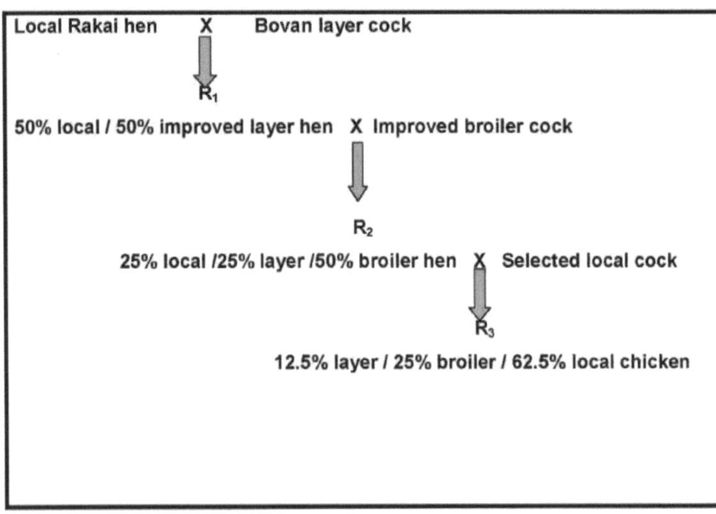


**Figura 7.2**: Ilustração esquemática do programa de cruzamento de Rakai. Adaptado de Roothaert, Ssalongo e Fulgensio (2011:224).

O cruzamento da galinha local com raças exóticas tinha como objetivo produzir as seguintes caraterísticas

a. O desenvolvimento de uma taxa de crescimento mais rápida do produto, caracterizada por uma maturidade precoce;

b. A capacidade de pôr mais ovos de tamanho maior do que os indígenas;

c. Uma taxa de conversão melhorada, criando um caldo mais pesado;

d. Um consumo alimentar aceitável;

e. O desenvolvimento de um sabor semelhante ao das aves de capoeira autóctones;

f. Animais rústicos e com maior resistência a doenças e parasitas do que as raças exóticas e híbridas;

g. Um programa que crie uma multiplicação fácil e uma melhor gestão da criação, fácil comercialização.

### 7.4.3 O modelo do Benim

O modelo avícola de semi-coleta do Benim (Chrysostome, Riise & Permin, 2002:15) está organizado em torno de três pilares: o pilar da produção, o pilar do serviço e o pilar da oferta. Foram envolvidas duas organizações não governamentais (ONG) nacionais, a APRECTECTRA e a GRAPAD. A primeira tratou do desenvolvimento técnico de um sistema de produção de frangos a nível da aldeia, enquanto a segunda tratou do financiamento dos factores de produção, da formação de grupos, da formação em matéria de crédito e do acompanhamento. Foi estabelecida uma base sólida com os habitantes locais, que incluía veterinários privados, artesãos para o fornecimento de equipamento de criação de aves feito localmente, pessoal da "*Diretion d'elevage*" para apoio técnico; e cientistas da *Facults des Sciences Agronomiques* da Universidade Abomey Calavi e da Network for Smallholder Poultry Development na Dinamarca para o apoio específico na investigação e para o desenvolvimento do sistema (Chrysostome *et al.*, 2002). Cada pilar tem funções e tarefas específicas no âmbito do modelo.

**7.4.3.1 Pilar da produção**: este pilar é constituído por avicultores autóctones que têm entre 8 e 10 galinhas. O sistema de produção é semi-capina com suplementos de menos de 40% de ingredientes locais.

#### 7.4.3.2 Pilar do aprovisionamento

Este pilar é composto por vacinadores de aldeia (VW), que recebem formação específica em técnicas de vacinação. Os veterinários privados fornecem as vacinas, principalmente para a doença de Newcastle (NCD). Os VW cobram uma taxa pelo serviço que prestam aos agricultores.

a. **Os vendedores**: São responsáveis pela recolha das aves de capoeira junto dos criadores para posterior venda no mercado ou nas cidades vizinhas.

b. **Os artesãos:** São os camponeses especialistas na produção de equipamentos avícolas, alojamentos, comedouros, poleiros e bebedouros a partir de materiais locais.

O modelo do Benim não dispunha de existências de matrizes que afectassem o fornecimento de pintos do dia aos agricultores, o que criou espaço para a adaptação de raças locais com o fornecimento de vacinas e medicamentos.

#### 7.4.3.3 Pilar de serviços

A fase piloto do projeto envolveu 10 aldeias do Norte (Departamento de Donga) e 10 aldeias do Sul (Departamento de Mono). Cada aldeia tinha 40 membros, num total de 800 agricultores e 40 VVVs. As ONG participantes formaram pequenos grupos de aldeia com 5 membros. Os grupos realizavam reuniões semanais para discutir assuntos relevantes que giravam em torno de toda a produção de galinhas. Os novos avicultores foram autorizados a juntar-se ao grupo da aldeia conhecido como *Association Villageoise de Producteurs d'Aviculture Traditionelle* (AVPAT) depois de receberem uma formação obrigatória de 2 a 3 dias conduzida por esta ONG. O pessoal universitário participante foi responsável pela formação técnica dos WV e dos extensionistas das ONG participantes.

O crédito está disponível para os agricultores com base no tipo de actividades para as quais é necessário. Por exemplo, um pequeno empréstimo de 30.000 F CFA para produtores e 25.000 F CFA para VVV e vendedores de aves de capoeira. O período de reembolso é de 1 ano para os avicultores e de 6 meses para os outros. A taxa de juro é de 12% por semestre, enquanto a taxa de poupança é de 18% por semestre e uma penalização de 2% por mês sobre o capital em dívida.

#### 7.4.3.4 Realização

Muitos agricultores aderiram, o que levou à formação de 20 AVPATS. Quarenta VVVs foram treinados e a participação foi excelente. Registou-se uma grande redução da mortalidade de 90-100% para uma estimativa de 5-10% após as campanhas de vacinação. A rápida adoção de tecnologias simples, os bebedouros de terracota, os ninhos melhorados, a utilização de alimentos locais e a comercialização em grupo foram bem estabelecidos nas aldeias, produzindo um efeito sustentável.

### 7.4.4 O modelo Tanzânia Research Into Use (RIU)

O elevado nível de patrocínio de que a avicultura comercial gozou na Tanzânia entre o início da década de 1970 e o final da década de 1990 caiu no início da década de 2000 devido à consciência sanitária dos consumidores de produtos avícolas (RIU, 2012). A consciência sanitária surgiu da perceção de que os medicamentos e as hormonas utilizados na indústria avícola constituíam potenciais riscos para a saúde dos consumidores. Em consequência, a taxa de crescimento anual da população de poedeiras altas de 26% registada entre 1995 e 1999 diminuiu para 11,7% no período de 1999 a 2003, enquanto a dos frangos de carne diminuiu acentuadamente de 30% para 2% no mesmo período (RIU, 2012:3).

A mudança brusca no padrão de consumo dos consumidores criou uma mudança na procura e na oferta de aves de capoeira indígenas. Este facto foi atribuído à confiança na alimentação saudável das aves e ao seu melhor sabor. Numa tentativa de colmatar o défice de oferta, a Research Into Use (RIU) (uma ONG) criou um ambiente propício à comercialização da produção avícola indígena. A modalidade utilizada envolveu a mobilização de campeões (líderes femininos ou masculinos de um grupo de avicultores indígenas) que foram habilitados a criar 100 aves cada um, com um futuro aumento planeado de 200 a 300.

O reforço da estratégia de competências da RIU foi holístico e envolveu todas as actividades da cadeia de valor. Entre 2009 e 2011, ocorreram mudanças notáveis no sector local de frangos na Tanzânia como resultado do trabalho da RIU. Os agricultores locais aumentaram os seus stocks de 10 ou 20 para mais de 200, transformando a produção local de frangos num negócio. A primeira estratégia consistiu em identificar a tipologia das partes interessadas, que eram os agricultores, os fornecedores de factores de produção, os agentes de extensão , os comerciantes de frangos vivos, os prestadores de serviços de consultoria empresarial, as autoridades governamentais locais e as entidades reguladoras.

Devido aos desafios identificados no sistema de extensão governamental existente, e porque a abordagem das escolas de campo para agricultores (FFS) não podia proporcionar o desenvolvimento das competências necessárias para os agricultores, a RIU (2012) mapeou a formação para os agricultores no seu próprio ambiente. Foi introduzida uma ideia inovadora de utilizar os titulares de certificados de produção animal como "cuidadores de agregados familiares". O seu dever era ficar com os agricultores durante os primeiros 30 dias, fazendo-os passar por todas as fases de gestão dos pintos de um dia durante os primeiros 30 dias antes de os extensionistas do governo assumirem o controlo. A formação girava em torno da alimentação, dos cuidados de saúde com um guia de criação de aves, do calendário de vacinação e da manutenção de registos com todos os materiais de documentação necessários fornecidos aos agricultores. Como resultado desta abordagem, a RIU conseguiu alcançar um sucesso significativo nos dois anos seguintes ao início do projeto. Por exemplo, redes de mais de 500 agricultores que criam entre 100 e 300 galinhas foram disponibilizadas para o mercado a cada 3 a 4 meses. No total, estes agricultores estavam a fornecer cerca de 50.000 frangos adultos prontos para consumo todos os meses. A agricultura sob contrato assegurou aos agricultores a possibilidade de adquirir factores de produção, incluindo pintos, medicamentos, vacinas, rações e serviços de extensão.

#### 7.4.4.1 O roteiro da RIU

O roteiro introduzido pela RIU levou à criação de:

1. Aumento das existências detidas pelos agricultores;
2. A PIP está a transformar-se num empreendimento comercial;

3. A criação de um centro especial para DOC com incubadoras especializadas;

4. Estabelecimento de contactos entre agricultores e compradores e garantia de mercados;

5. Fácil acesso a serviços de extensão e veterinários.

A RIU concebeu novas estratégias para chegar aos agricultores através de uma abordagem de modelização de estrangulamentos que consistia nas seguintes modalidades (RIU, 2012:4):

a. Aumento da utilização de novos conhecimentos e tecnologias entre os produtores;

b. Aumentar os investimentos em factores de produção, resultados e sistemas de prestação de serviços;

c. Aumentar as escalas de produção dos pequenos agricultores rurais.

Os conjuntos de modalidades acima referidos foram alcançados através das seguintes estratégias:

i. Identificação dos principais actores;

ii. Identificação e análise dos desafios nas diferentes fases de toda a cadeia de valor da produção de frango;

iii. Uma coordenação integradora e a implementação de soluções com todas as partes interessadas para enfrentar os desafios identificados.

#### 7.4.4.2 Execução

1. A cadeia de valor dos produtores centrou-se na incubação dos ovos, na coordenação da incubadora e na entrega dos pintos,

na produção de frangos, na prestação de serviços e na venda de aves de capoeira indígenas;

2. Desenvolvimento de um centro de incubação;
3. Apoio aos agricultores rurais com 100 DOC;
4. Os agricultores a quem foram fornecidos 200 DOC foram ligados a conselheiros de aves de capoeira domésticos (HHPA) para lhes dar formação sobre criação de aves de capoeira;
5. Através do desenvolvimento de um sistema de agricultura sob contrato, os agricultores foram ligados ao mercado para vender os seus frangos;
6. Como forma de sustentar o projeto, a RIU desenvolveu uma iniciativa empresarial com o nome de código "KukuDeal" (RIU, 2012: 6).

#### 7.4.4.3 Incubadoras de aves de capoeira autóctones e explorações de criadores

Com o aparecimento de incubadoras e explorações avícolas autóctones (ICH e BF), o governo criou um programa de regulamentação das operações. O objetivo era impedir a propagação de doenças e assegurar uma transição suave no sector avícola. Além disso, o governo aplicou regulamentos aos produtores de alimentos para aves de capoeira para garantir o controlo de qualidade. O sector avícola foi motivado a encorajar uma abordagem multidisciplinar para resolver qualquer problema que pudesse surgir na indústria. A interação mútua entre o governo e as partes interessadas permitiu a criação de facilidades de acesso a empréstimos, terrenos, mercados, laboratórios de abate e instalações de comercialização. O governo investiu no desenvolvimento de capacidades em toda a cadeia de valor. A situação fortaleceu os agricultores e os proprietários de incubadoras, assegurando o acesso aos serviços de extensão para a transferência de tecnologia e de conhecimentos para as explorações de reprodução, incubadoras e explorações comerciais.

#### 7.4.4.4 Estratégias com os agricultores

Os HHPA empregados foram destacados para viver com os agricultores durante 30 dias. Utilizaram o período de estadia para formar os agricultores na utilização de estratégias de gestão do DOC. Os HHPA foram alojados pelos agricultores durante esse período.

Os agricultores beneficiaram de um empréstimo em condições favoráveis de 60% dos custos de 100 DOC e do seguinte:

1. Dois bebedouros e comedouros cada;
2. Um guia de criação de aves de capoeira;
3. Um calendário de vacinação plastificado;
4. Um caderno de exercícios para registos simples;
5. Quadros que indicam o tipo de registos a manter;
6. Uma caneta e um cupão para a aquisição de vacinas, medicamentos e sacos de ração suficientes para o primeiro mês.

Para que um agricultor possa beneficiar do que precede, é necessário que disponha de um pavilhão para aves de capoeira suficientemente grande para acolher 100 DOC até à fase de comercialização. Estes pavilhões foram inspeccionados em relação a vários parâmetros necessários para a criação de aves de capoeira. Os agricultores eram responsáveis pelo pagamento do saldo de 40%

do empréstimo bonificado para a compra dos DOCs. A recuperação do empréstimo foi um processo que começou depois de as aves terem atingido a maturidade e terem sido vendidas. Foi nomeado, de entre os agricultores, um campeão da aldeia, que demonstrou um elevado nível de empenho no projeto e tem capacidade de orientação para motivar os outros. Ele ou ela coordena, mobiliza, aconselha e recolhe dos agricultores os 40% do pagamento inicial dos DOC.

O HHPA ensinou aos agricultores como vacinar o seu rebanho, como detetar sinais precoces de doenças, como manter registos simples, aprender o quê, porquê e quando alimentar as galinhas, como misturar uma ração equilibrada com ingredientes disponíveis localmente, tais como mandioca, painço, milho, farinha de peixe, bolo de girassol, bolo de amendoim, banana e cascas de batata.

O impacto do modelo da RIU pode ser resumido a partir do testemunho de um dos campeões do projeto: "Quero que esta história encoraje os anfitriões e outros actores não estatais a perceberem que os pequenos agricultores não nasceram ou foram feitos para a pobreza, porque isso não é verdade, ... o que precisamos é da abordagem certa para nos educar e capacitar e nós próprios transformaremos lentamente as nossas condições" (Mkongea, avicultor e campeão distrital, distrito de Rufiji, Tanzânia (RIU, 2011:25).

### 7.4.5 *Projeto de Desenvolvimento da Avicultura de Aldeia* (PDAV) no Burkina Faso

O modelo avícola *Projet pour le Developpement Aviculture Villageois* (PDAV), no Burkina Faso, foi financiado pela *Cooperation Française* (Sonaiya, 2007:9). O modelo tem como objectivos gerais melhorar a higiene, o alojamento e a alimentação das aves de capoeira familiares (galinhas d'angola) e o transporte e comercialização de produtos avícolas (Ouandaogo, 1990:31). O modelo empregou um programa de formação maciça e a colocação de "*vul-garisateurs villageois volontaires*" (VVV), de modo que, em dez anos (1979 a 1989), 1.821 VV foram formados; administraram 13 milhões de vacinas contra a doença de Newcastle (NCD) e 1,2 milhões de tratamentos anti-helmínticos (Sonaiya, 2007:9). As estratégias de formação do PDAV incluíam: campanhas de sensibilização para o programa; campanhas publicitárias dirigidas aos agricultores pobres em recursos e aos habitantes rurais das aldeias; debates nas escolas; distribuição de panfletos; reuniões nas aldeias; reuniões dos VVV; formação e reciclagem dos VVV; visitas dos agricultores aos centros de pecuária e conferências técnicas dos agentes de pecuária (Sonaiya, 2007:10). O programa abrangia 15 províncias (de 30 no país), 4 378 aldeias (de 7 500) e 5 646 125 beneficiários (Sonaiya & Aklobessi, 1991; Sonaiya, 1992:689). Um dos principais factores de sucesso do PDAV, segundo Sonaiya (1992), foi a forte vontade política do governo, associada ao elevado nível de empenhamento do governo no desenvolvimento das zonas rurais, utilizando a agricultura como base.

## 7.5 Um modelo concetual de produção avícola indígena (IPPM) para a Província do Cabo Oriental (ECP)

Na conceção de um IPPM, os cinco elementos básicos que foram considerados são: entradas, um processo de transformação, saídas, feedback e o ambiente (Scott & Davis, 2008).

a. **Os inputs:** - são os recursos humanos, os recursos financeiros, os recursos físicos e os recursos de informação (Lunenburg, 2010);
b. **Processo de transformação**: - São as actividades que

sintetizam os vários recursos para atingir os objectivos do modelo. De acordo com Lunenburg (2010:3), o processo de transformação inclui as operações internas da organização e o seu sistema de gestão operacional. Os componentes do sistema de gestão operacional incluem a competência técnica, um plano de negócios e a capacidade de lidar com as mudanças;

c. **Resultados:** - Isto tem a ver com a realização das metas e objectivos da organização, que são representados pelo aumento do número de galinhas criadas pelos agricultores, a melhoria do alojamento, a melhoria dos cuidados de saúde, um programa de vacinação, o acesso a um mercado, um comportamento saudável de reembolso dos empréstimos, a garantia de qualidade e a aceitação da marca. Os resultados traduzir-se-ão numa melhoria dos meios de subsistência dos avicultores indígenas e na melhoria da economia rural;

d. **Feedback:** - Este é o processo no qual parte da produção de um sistema é devolvida à sua entrada, a fim de regular a sua produção posterior. O feedback virá dos serviços de extensão ou das Organizações Não Governamentais (ONGs), das IPFs e do público sobre o(s) produto(s) da organização;

e. **Ambiente:** - O ambiente em que a organização opera tem impacto nas suas actividades e este será orientado para a sustentabilidade. De acordo com Lunenburg (2010:4), o ambiente em que uma organização opera é normalmente afetado pelos contextos social, político e económico a vários níveis de governação. A criação da cooperativa pode ser afetada por pressões internas e externas. As questões da globalização, da liberalização do comércio, dos conflitos, da insegurança, da política governamental, da técnica, da privatização e da engenharia genética, entre outras, podem afetar o sucesso ou não da organização.

### 7.5.1 O objetivo e os princípios orientadores do modelo

Promover a capacitação económica sustentável para a elevação dos recursos pobres e criar um meio de subsistência rural melhorado através da produção avícola indígena

Ao elaborar um IPPM para a PCE, foram desenvolvidos alguns princípios orientadores:

a. O conceito de participação voluntária das pessoas interessadas deve ser um princípio orientador e não um "projeto" destinado a todos;

b. Será promovido o cumprimento dos requisitos de entrada dos indivíduos, em termos de activos simples. Tal destina-se a permitir que os participantes com um espírito sério adiram à sociedade que estará sob a égide de uma Sociedade Cooperativa de Avicultores Indígenas (IPFsCoop), também conhecida por *Abafuyi Benkukhu Zemveli* (ABZ);

c. Serão criadas fortes inter-relações entre a empresa agrícola PIP e o desenvolvimento dos recursos humanos;

d. A fonte de conteúdo local como material de entrada para alimentação, equipamento de aves de capoeira utilizando artesãos e alojamento;

e. Um conteúdo de desenvolvimento baseado nas necessidades.

A fim de criar uma sinergia muito forte, os membros que formam uma aldeia ABZ Co-op devem trabalhar em equipa. Para além disso, deve acontecer o seguinte:

i. O fundo patrimonial basear-se-á em contribuições individuais, que constituirão a base da fórmula de partilha de lucros e perdas da sociedade;

ii. A nomeação do comité executivo da ABZ Co-op pela maioria através de seleção ou eleição. O comité nomeado deve ter capacidade de orientação, ser engenhoso e carismático;

iii. A ABZ Co-op será autossustentável, gerando a sua própria base de capital através de subscrições de acções pelos membros;

iv. Conectividade da cadeia de valor - Os vários componentes da PIP serão investidos pela ABZ Co-op;

v. A cooperativa ABZ rege-se pelas regras e regulamentos centrais, mas cada eixo a nível das aldeias deve criar os seus próprios estatutos para os membros.

### 7.5.2 Desenvolvimento das capacidades

Para atingir os objectivos da ABZ Co-op, para todos os membros como um grupo, o desenvolvimento de capacidades será feito através de apoio institucional, envolvimento da comunidade universitária e organizações não governamentais (ONGs), nas seguintes competências, conforme identificado por Terblance (2008),
a. Competências técnicas;

b. Competências de comunicação;

c. Competências de facilitação de grupos;

d. Competências de gestão da extensão.

A IPPM terá como principal objetivo estabelecer uma capacitação sustentável e económica para apoiar os recursos pobres e melhorar os meios de subsistência rurais através da IPP.

### 7.5.3 Componentes do IPPM

Os seguintes elementos constituem os componentes do IPPM em torno dos quais a cooperativa gira (Figura 7.3):

1. OABZCo-op;
2. As PFs;
3. Os criadores e as incubadoras;
4. Os serviços veterinários;
5. Os moinhos de ração;
6. Os criadores de IPF;
7. Desenvolvimento de capacidades;
8. Uma fábrica de transformação de frangos;
9. Marketing.

#### 7.5.3.1 A cooperativa ABZ

A cooperativa ABZ é o órgão de cúpula de qualquer membro que deseje fazer parte da cooperativa. Um membro deve registar-se como um IPF que resida na aldeia ou numa aldeia próxima a não mais de 2 km de distância. Esta medida destina-se a facilitar a reunião dos membros para efeitos de formação e de reuniões regulares. A sede da cooperativa ABZ deve estar situada num local central, com um centro de formação e um escritório.

A ABZ Co-op deve funcionar plenamente como uma sociedade

cooperativa que deve gerar dinheiro internamente através das contribuições dos membros. Terá entre os seus produtos a poupança, a poupança e o empréstimo aos membros.

#### 7.5.3.2 Avicultores indígenas (IPFs)

Critérios de adesão

a. O membro deve ser identificado como agricultor com poucos recursos, seja homem ou mulher;

b. Possuir pelo menos duas galinhas com ou sem galo;

c. Ser capaz de fazer uma contribuição diária de R2 mínimo ou R15/mínimo semanal para a ABZ Co-op a ser inscrita na sua conta como contribuição de capital ou participação;

d. Ter uma unidade de alojamento simples que possa acomodar 20 aves com espaço para uma futura expansão até 200 galinhas;

e. Ter um programa de formação obrigatório de três semanas que girará em torno da gestão da PI.

#### 7.5.3.3 Os criadores e os centros de incubação

O modelo promoverá alguns membros a criadores. O critério para a promoção será o de ter tido um grande rebanho sob a sua gestão nos últimos cinco anos, com um bom historial de higiene, recursos e uma base financeira modesta. Esse membro identificado receberá apoio institucional sob a forma de raças melhoradas de animais de base a uma taxa subsidiada. A instituição de apoio fornecerá ao criador ovos ou pintos do dia. A instituição de apoio estabelecerá uma parceria com a Fowls for Africa, uma marca registada no Conselho de Investigação Agrícola (ARC), para o fornecimento de DOCs e ovos para incubação pelos criadores. A instituição de apoio estabelecerá uma parceria com o ARC para o fornecimento de aves de capoeira autóctones comprovadas e bem adaptadas à produção doméstica. Serão promovidas as raças *Potchefstroom Koekoek*, Venda, Black *Australorp* e *Ovambo*. A *Potchefstroom Koekoek* é uma ave de dupla finalidade com plumagem ligada ao sexo (South Africa Indigenous Breeds (SAIB), 2013); a Black *Australorp* é uma ave de dupla finalidade; a Venda tem uma capacidade de produção de ovos muito boa, enquanto a *Ovambo* pode sobreviver em condições climatéricas muito duras e desfavoráveis (ARC, 2013). O criador só se preocupará em criar estas raças para chocar os ovos para compra imediata pelos criadores de pintos. O objetivo será um mínimo de 50 galinhas. A instituição de apoio também fará parceria com a empresa SURE HATCH para o fornecimento de incubadoras e um incubatório em nome da ABZ Co-op. A empresa também será responsável pela capacitação dos agricultores selecionados que servirão como criadores. O modelo semi-automático SH90 da empresa, com capacidade de eclosão de 90 pintos por mês, será promovido durante o período do projeto-piloto. A SH90 tem uma medida de 25x32x60 cm com um peso total de 3kg. Tem um consumo de energia com uma utilização máxima no arranque de 60 watts. É puramente eletrónico, semi-automático e feito de poliestireno (Surehatch, 2013).

### 7.5.3.4 Os serviços veterinários

Entre a equipa de agricultores serão formados vacinadores de aldeia (VV). A *Umtiza* (uma empresa aliada da agricultura), sediada na ECP, será inicialmente a parceira para o fornecimento de vacinas e medicamentos para os serviços veterinários aos agricultores. A W estará sob a alçada da University Community Engagement (uma instituição técnica de apoio) para a sua formação. Entretanto, a W cobrará montantes fixos pelos serviços prestados aos criadores de pintos e outros criadores.

#### 7.5.3.5 As fábricas de rações

A empresa aliada *Umtiza* Agro será também responsável pelo fornecimento de ração para as várias categorias de produção de frangos. Entretanto, será ministrada formação sobre o estabelecimento de uma Base de Recursos de Alimentação de Recolha (SFRB), juntamente com uma horta de "banco de proteínas vegetais" para as galinhas debicarem. O desafio da falta de alimentos de inverno será resolvido através do desenvolvimento de composto para o cultivo de insectos. A fim de reduzir o custo da alimentação e utilizar os recursos locais, os agricultores receberão formação sobre a formulação de rações utilizando os recursos alimentares disponíveis localmente. Um acordo contratual com a *Umtiza* será celebrado por um período não superior a cinco anos, durante o qual a ABZ Coop deverá ter desenvolvido boas bases e estabelecido a sua própria empresa de fabrico de alimentos para animais.

#### 7.5.3.6 Os criadores da PIF

Os criadores da IPF serão divididos em dois grupos. Os membros determinarão qual a área de interesse em que gostariam de se aventurar. O primeiro grupo será constituído por agricultores que criam pintos de um dia durante um período máximo de oito semanas. Venderão os pintos criados aos produtores agrícolas.

O segundo grupo de agricultores será constituído pelos produtores que comprarão os pintos com oito semanas de idade e os criarão até à idade de abate. Venderão diretamente à unidade de transformação da ABZ Co-op.

#### 7.5.3.7 Desenvolvimento das capacidades

O desenvolvimento das capacidades das IPFs e do pessoal da extensão pública será efectuado pela University Community Engagement; pelo Agricultural Research Council; pela Surehatch Company; por uma ONG; e pela *Umtiza*. A área de desenvolvimento de capacidades centrar-se-á em todas as componentes da produção avícola indígena: desenvolvimento empresarial, manutenção de registos, gestão de cuidados de saúde, alimentação e formulação de alimentos, estabelecimento de SFRB, transformação, desenvolvimento de marketing, crescimento e desenvolvimento de sociedades cooperativas e estratégias de gestão da sustentabilidade.

#### 7.5.3.8 Fábrica de transformação de frangos

Numa tentativa de explorar todas as cadeias de valor da produção avícola autóctone, serão criadas unidades de transformação de frangos em pequena escala. As instituições de apoio serão incentivadas a apoiá-las como parte do desenvolvimento da economia local e da capacitação da comunidade. O proprietário da unidade de transformação será transferido para a ABZ Co-op depois de ter pago 60% do custo de construção à agência de financiamento. O procedimento de reembolso será feito através de dedução direta e indireta. O reembolso direto utiliza uma parte das contribuições diárias para compensar o empréstimo. O reembolso indireto do empréstimo será feito através da dedução de 20-25% do lucro líquido por frango transformado na unidade. A unidade de transformação terá as seguintes componentes: uma placa de abate, a transformação, o acondicionamento e a câmara frigorífica, bem como a garantia de qualidade.

#### 7.5.3.9 Comercialização

A ABZ Co-op será responsável pela comercialização dos produtos dos membros através de canais de comercialização, tanto para os grossistas como para os retalhistas. Além disso, haverá a criação de pontos de venda direta aos consumidores. Sugere-se que o produto seja registado com um nome comercial, por exemplo, ABZ Chickens ou ABZ *Umleqwa*. A essência é criar um nicho de mercado para que o produto seja identificado pelos agricultores que produzem os frangos.

### 7.5.4 Estratégias de aplicação

A implementação do modelo será efectuada em três fases, tal como sugerido por Jensen & Dolberg (2003):

1. Projeto de formulação do modelo;
2. Teste de campo;
3. Ajuste do modelo.

#### 7.5.4.1 Projeto de modelo de formulação / campanha de sensibilização

A primeira fase terá os seguintes objectivos:

*a.* Sensibilizar para a PIP e promover a cadeia de valor associada à sua criação;

*b.* Esclarecer os agricultores sobre o potencial de geração de rendimentos da criação de aves de capoeira autóctones;

*c.* To promover a vacinação dos pintos do dia (DOC).

#### 3.5.4.1.1 Estratégias de campanha

a. Uma equipa de campanha deslocar-se-á de aldeia em aldeia para sensibilizar os agricultores e os aldeões para os valores e o elevado potencial da criação de aves de capoeira indígenas, visando os agricultores de nível muito baixo, mesmo com uma galinha; os deficientes físicos, as pessoas que vivem com o VIH/SIDA, as famílias chefiadas por mulheres e crianças, os reformados, as viúvas e os viúvos;

b. Sensibilização dos potenciais membros da cooperativa sob a qual os agricultores irão operar na sua aldeia de residência;

c. A sensibilização e a mobilização devem incluir a redescoberta das potencialidades latentes dos agricultores em relação às vantagens comparativas da PIP, que devem ser utilizadas como activos geradores de rendimentos (IGA) para os agricultores;

d. A utilização de várias estratégias de comunicação que incluirão campanhas nos meios de comunicação social: cinema, áudio, vídeo, folhetos, rádio e televisão;

e. A campanha deve envolver todas as partes interessadas identificadas ao longo da cadeia de valor da produção avícola autóctone, a saber: os fabricantes de alimentos para animais, os veterinários, os técnicos de desenvolvimento agrícola, os responsáveis pela comercialização, os potenciais vendedores de franquias de supermercados e os peritos em garantia de qualidade;

f. Esta fase inclui igualmente uma campanha de sensibilização para a vacinação contra a doença de Newcastle, o controlo dos predadores aéreos e terrestres, a apresentação de um modelo simples de alojamento de aves de capoeira utilizando materiais locais e garrafas de plástico;

g. Debates e seminários para todos os potenciais interessados;

h. Seleção e tomada de posse de um grupo de trabalho que será responsável pela execução da primeira fase do projeto.

#### 7.5.4.2 Ensaio de campo

O teste de campo ou a fase piloto será primeiramente limitada às aldeias que realmente mostraram grande interesse no projeto. A fase envolverá a operacionalização do modelo e de todos os componentes: vacinação, proteção contra predadores e suplementação alimentar. Será promovida a proteção dos pintos de um dia através de um portão de rede metálica, que é muito eficaz contra os predadores. A campanha de vacinação não se limitará apenas à doença de Newcastle, mas também a outras doenças de natureza endémica. A suplementação dos alimentos para animais implicará a formação dos agricultores sobre a forma de estabelecer uma exploração de base de recursos alimentares, um banco de proteínas e pilhas de compostagem.

A sociedade cooperativa prevista como ABZ Coop Society será formalmente lançada nesta fase para que os membros iniciem as suas contribuições. Nesta fase, os membros com qualidades distintivas para liderar a organização serão identificados e estudados. Os critérios de adesão, os benefícios e a retirada da adesão devem ser explicitados para uma compreensão clara. A cooperativa deve ser registada junto da instituição governamental competente. O seu funcionamento será regido por regras e regulamentos que serão formulados e aceites conjuntamente como princípios orientadores. As regras da ABZ Coop devem ser traduzidas para a língua local da comunidade.

#### 7.5.4.3 Teste de aldeia à escala real

Nesta fase, prevê-se que o projeto tenha recebido o patrocínio do governo, das ONG e das instituições de microcrédito ou de uma organização internacional. A conceção da estrutura nesta fase dependerá da instituição financiadora. No entanto, devem ser adoptados os critérios que devem seguir a conceção sugerida por Jensen e Dolberg (2003). Os quatro elementos da conceção são:

a. Os IPFs devem experimentar o projeto-piloto com o conceito de uma estrutura institucional em vigor e sem quaisquer subsídios para os beneficiários;

b. Todas as actividades-piloto a nível da aldeia devem refletir uma situação de fim de projeto;

c. O projeto-piloto deve envolver todos os potenciais interessados, que devem participar ativamente tanto na conceção como na execução do teste;

d. Deve ser definida uma estratégia para todas as actividades de modo a simular uma situação de fim de projeto.

#### 7.5.4.4 Modalidades

A fase de grande escala requer uma implementação mais ampla do projeto. Exigirá o apoio de agências de financiamento, doadores internacionais, governo, ONG, sectores privados, autoridades das aldeias e todas as partes interessadas, incluindo os beneficiários. Para que a implementação do projeto seja eficaz e totalmente colaborativa, é necessário definir os princípios orientadores para os diferentes intervenientes. De acordo com Jensen e Dolberg (2003), as modalidades devem incluir:

a. O papel e as responsabilidades das partes interessadas;
b. As actividades e o nível de envolvimento participativo da agência de financiamento ou da instituição governamental;
c. Orçamentação que deve abranger todas as fases do projeto;
d. Acompanhamento, avaliação e supervisão do projeto, incluindo indicadores-chave de desempenho (KPI).

## 7.6 Indicadores de sucesso e sustentabilidade do IPPM

a. A conceção do modelo baseou-se nos princípios de uma organização orientada para os membros, controlada pelos membros e sensível aos membros, que deve ser gerida de forma transparente, responsável, com justiça, equidade e respeito pelos valores fundamentais da organização que emanam do modelo;

b. O princípio do conceito de "utilização conjunta" como base para as operações-modelo;

c. O modelo de incorporação de valor acrescentado dar-lhe-á uma vantagem no sentido de obter vantagens competitivas no mercado;

d. O modelo procurou criar fortes ligações com todos os intervenientes no sector da produção integrada de energia. A interface criará um fórum de apoio aos membros através da formação de capacidades, facilidades de crédito e apoio aos factores de produção;

e. Prevê-se um mecanismo catalisador que promoverá a coesão devido ao fator "vontade e interesse" incorporado em vez da abordagem de persuasão para a adesão;

f. O modelo prevê a prestação de serviços diretamente em resposta às necessidades sentidas pelos membros. Servirá os membros e, ao mesmo tempo, estará sob o controlo dos membros.

## 7.7 Papel dos serviços de extensão no IPPM

a. Orientação das explorações agrícolas: O desenvolvimento das capacidades dos agricultores em todos os aspectos das cadeias de valor da PIP;

b. Sociedade cooperativa de produção avícola indígena: O desenvolvimento das capacidades deve incluir a gestão, a manutenção de registos, a resolução de conflitos, a formação em matéria de liderança e a estratégia de coesão dos membros;

c. Informações sobre o mercado: Fornecimento regular de informações sobre o mercado aos

sociedade que é diretamente proporcional à valorização das cadeias de valor acrescentado;

d. Formação financeira: Os extensionistas devem formar os agricultores em matéria de gestão financeira, de obtenção de empréstimos e de estratégia de reembolso.

## 7.8 Conclusão

O estudo centrou-se na conceção de um Modelo Indígena de Produção Avícola (IPPM) para avicultores indígenas na Província do Cabo Oriental (ECP). O estudo baseia-se nas modalidades de trabalho do Modelo Avícola do Bangladesh, do Modelo Rakai no Uganda, da realização da Investigação para Utilização (RIU) na Tanzânia e do Modelo do Benim. O desenvolvimento do quadro concetual baseou-se nos conceitos de um "sistema social aberto" que se baseia na produtividade, eficiência, estabilidade, durabilidade, compatibilidade e equidade. Foi desenvolvido um modelo teórico IPPM com componentes que incluem: a Sociedade Cooperativa de Avicultores Indígenas também conhecida como Abafuyi Benkukhu Zemveli (ABZ), os IPFs, os criadores e incubadoras, serviços veterinários, fábricas de ração, os criadores de IPF, desenvolvimento de capacidades, fábricas de processamento de frango e marketing. O modelo foi concebido para fazer com que as famílias com poucos recursos saiam da pobreza extrema para meios de subsistência mais estáveis e sustentáveis. O modelo tem por objetivo fornecer valores fundamentais aos membros através de componentes da cadeia de valor, da gestão da sociedade cooperativa (com especial incidência na cultura da poupança) e da segurança alimentar.

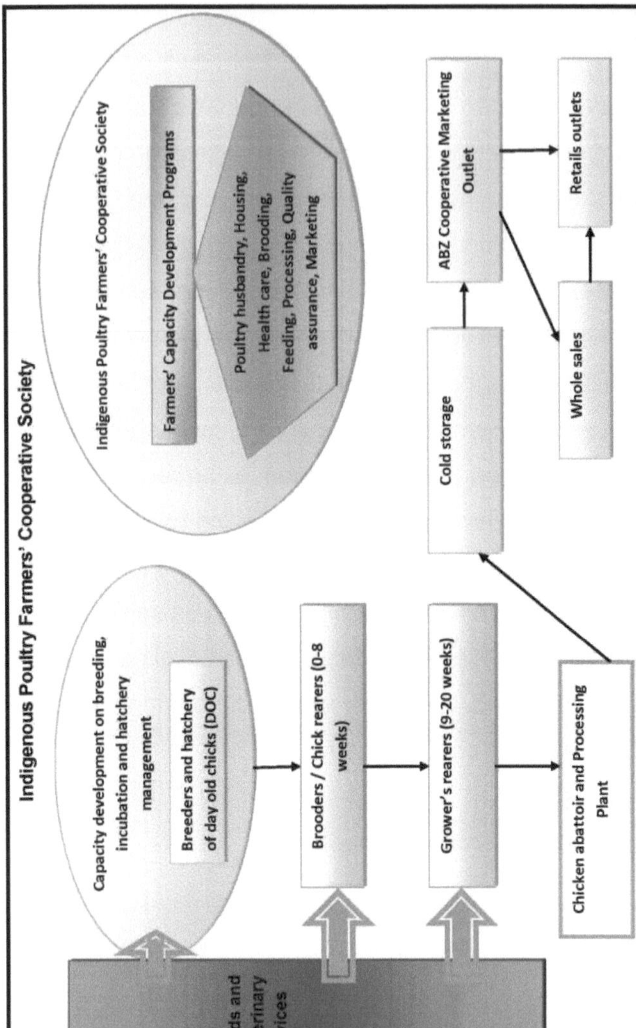


**Figura 7.3:** Um modelo conceptualizado de produção avícola indígena para a Província do Cabo Oriental

# CAPÍTULO 8

# DESAFIOS DE DESENVOLVIMENTO DE RECURSOS HUMANOS ENFRENTADOS PELO DEPARTAMENTO DE DESENVOLVIMENTO RURAL E REFORMA AGRÁRIA NA PROVÍNCIA DE CAPE ORIENTAL, ÁFRICA DO SUL: EVIDÊNCIA EMPÍRICA DO DISTRITO DE AMATHOLE

## 8.1 Introdução

A importância do desenvolvimento dos recursos humanos (DRH) é reconhecida a nível mundial. A Resolução 44/213 da Assembleia Geral das Nações Unidas, de 1989, declarou que: "O desenvolvimento dos recursos humanos é um conceito amplo ... que requer estratégias, políticas, planos e programas integrados e concertados para assegurar o desenvolvimento de todo o potencial dos seres humanos ... para que possam, individual e coletivamente, ser capazes de melhorar o seu nível de vida" (Programa das Nações Unidas em Administração Pública e Finanças, 1995:121). A importância das questões de DRH nas zonas rurais em relação aos meios socioeconómicos e de subsistência é crítica na África do Sul. A Província do Cabo Oriental tem uma população de 6,562 milhões de habitantes (Censos, 2011), dos quais 4,2 milhões vivem na pobreza (AfricaScope, 2013), pelo que será necessário um conjunto de políticas e estratégias eficazes para combater a pobreza rural. De acordo com o relatório da Comissão para África de Tony Blair, a fraca capacidade foi identificada como um dos principais problemas com que se confronta a maioria dos países africanos (Blair, 2005). Em consonância com esta lacuna, Sachs e McArthur (2005) afirmam que a debilidade dos sistemas de gestão dos recursos humanos e das infra-estruturas, associada a uma administração pública ineficaz, atrasa o crescimento de África. A agricultura é muito importante para a economia da África do Sul (SA). A agricultura primária contribui em cerca de 3% para o produto interno bruto (PIB) da África do Sul e em cerca de 7% para o emprego formal (SAGovInfo, 2011). O sector agroindustrial contribui com cerca de 12% do PIB (SAGovInfo, 2011). No entanto, a maior parte das contribuições provém de agricultores comerciais brancos de grande escala que ocupam 86% das terras agrícolas, enquanto os restantes 14% são ocupados por negros que são principalmente agricultores de subsistência de pequena escala (NDA, 2005). Como resultado deste desenvolvimento desequilibrado, os Serviços Públicos de Extensão Agrícola da África do Sul (PAES) foram reunidos num único serviço (Duvel, 2004) com um enfoque estratégico nos agricultores de pequena escala e pobres em recursos. Isto foi feito com o objetivo de desenvolver a base de competências dos agricultores, o que está de acordo com o objetivo principal dos serviços de extensão (Vink & van Rooyen, 2009).

Os esforços do governo sul-africano para melhorar os meios de subsistência rurais estão atualmente a ser ameaçados por uma falta de capacidade a todos os níveis. Por exemplo, o relatório da Iniciativa de Crescimento Acelerado e Partilhado para a África do Sul (ASGISA) (2006) identificou a falta de mão de obra devidamente qualificada como um dos seis constrangimentos vinculativos que abrandam o crescimento económico, industrial e agrícola acelerado. Em apoio a esta afirmação, o Departamento de Agricultura, Florestas e Pescas (DAFF) (2008:32) também enumerou alguns dos desafios com que se confrontam os serviços de extensão agrícola, incluindo: défices e constrangimentos de capacidade; défices de conhecimentos e competências do pessoal da extensão; falta de sistemas eficazes de gestão da informação; falta de profissionalismo e empenho; e um ambiente que não é propício a uma prestação de serviços eficiente e eficaz. Esta situação também se verifica a nível provincial. O desafio da falta de competências foi assinalado na província do Cabo Oriental, classificada como uma das províncias mais pobres da África do Sul (McConnachie & Shackleton, 2010). O relatório do Conselho Consultivo Socioeconómico do Cabo Oriental (Eastern Cape Socio Economic Consultative Council - ECSECC) (2009:24) identificou cinco desafios específicos que se colocam ao DRH na província, nomeadamente

a. Uma base de competências extremamente baixa;

b. Subinvestimento no desenvolvimento de competências;

c. Aumento do desemprego;

d. Fraco alinhamento dos programas de formação com as estratégias de desenvolvimento social e económico;

e. Desfasamento entre os resultados da formação e as necessidades de competências.

Numa tentativa de resolver estas questões complexas, o governo sul-africano, desde o regime democrático, adoptou várias políticas destinadas a reposicionar o desenvolvimento dos recursos humanos. A criação da Iniciativa Conjunta para a Aquisição de Competências Prioritárias (JIPSA), em 2006, é uma dessas políticas que visa uma parceria de alto nível entre o governo, as empresas e o trabalho organizado. O objetivo era acelerar a aquisição de competências prioritárias para satisfazer a procura da Iniciativa de Crescimento Acelerado e Partilhado para a África do Sul (ASGISA) (National Business Initiatives (NBI), 2011). A JIPSA, que mais tarde foi alterada para a Estratégia de Desenvolvimento de Recursos Humanos para a África do Sul (HRD-SA), em 2009, foi reposicionada com a implementação de políticas governamentais que revitalizarão o desenvolvimento de recursos humanos para atender às principais prioridades estratégicas do país. A informação de base apresentada levanta questões sobre os desafios que o governo enfrenta ao investir no desenvolvimento dos recursos humanos. Em segundo lugar, chama também a atenção para as estratégias de implementação das políticas governamentais destinadas a acelerar o desenvolvimento dos recursos humanos.

## 8.2 Desenvolvimento dos recursos humanos no sector agrícola (AgrHRD)

A segurança alimentar está ancorada na agricultura, enquanto a agricultura continua a ser a fonte de rendimento e trabalho, que são os elementos centrais do desenvolvimento humano (PNUD, 2012). É indiscutível que o AgrHRD é um dos requisitos essenciais para o sucesso de qualquer revolução agrícola que vise os agricultores pobres em recursos na África do Sul. No entanto, os ventos de mudança que sopram globalmente no sector agrícola exigem um AgrHRD renovado. Os desafios que se colocam para satisfazer os mercados competitivos globais, melhorar os meios de subsistência rurais, a economia rural, o desenvolvimento sustentável, as alterações climáticas, a inovação rural e a (in)segurança alimentar são questões a enfrentar. De acordo com Lopokoiyit, Onyango, Kibett & Langat (2013:84), o Desenvolvimento de Recursos Humanos (DRH) é uma pedra angular no reforço das capacidades, conduzindo à eficiência global dos funcionários envolvidos na implementação, monitorização, avaliação, investigação e programas de extensão. O Conselho Económico e Social das Nações Unidas (ECOSOC)

(2013:1) definiu o DRH como "o empoderamento das pessoas através da promoção das capacidades contributivas que elas podem trazer para a melhoria da sua própria qualidade de vida e das suas famílias, comunidades, empresas e sociedades". O DRH gira em torno do desenvolvimento das capacidades humanas e institucionais no âmbito das políticas socioeconómicas e dos planos e estratégias *de* desenvolvimento. Trata-se de um quadro através do qual os trabalhadores desenvolvem competências, conhecimentos e capacidades pessoais e organizacionais que facilitam a obtenção de um desenvolvimento sustentável e equitativo e a melhoria do bem-estar. A formação é uma das componentes através das quais a capacidade é desenvolvida. É um aspeto vital da estrutura organizacional através do qual o pessoal da Extensão Agrária pode cumprir as suas obrigações profissionais. Rivera & Alex (2008) afirmam que os programas incorporados no sector de DRH agrícola incluem a educação agrícola formal, o sistema de currículos de ciência e tecnologia, o sistema de programas de educação agrícola não-formal e de extensão, o sistema de programas de formação e desenvolvimento em serviço e o sistema de aprendizagem à distância através dos meios de comunicação social. Isto, de acordo com Lopokoiyit *et al.* (2013:88), é o pressuposto básico subjacente à capacidade do DRH para avançar no campo profissional que levará a um melhor desempenho. Numa tentativa de responder a estes requisitos, o DRH agrícola está posicionado para estar constantemente a monitorizar, avaliar e organizar formação regular que irá satisfazer as necessidades tanto do pessoal da extensão como dos utilizadores finais do conhecimento agrícola. A formação do pessoal da Extensão Agrária é classificada em três categorias (Qamar 1997, como resumido por Lopokoiyit *et al.* 2013:85)

a. Formação pré-serviço: Formação recebida antes do emprego;

b. A formação inicial que o pessoal recebe imediatamente após a sua entrada numa organização de extensão;

c. Formação em serviço ou no local de trabalho que se espera que o pessoal da extensão receba ocasionalmente no decurso do seu emprego.

O desenvolvimento das capacidades humanas é uma das áreas críticas que a Província do Cabo Oriental (PCE) ainda enfrenta no sector agrícola. O desafio do desenvolvimento das capacidades dos serviços de extensão criou emprego para funcionários jovens e vibrantes, acabados de sair das universidades. No entanto, apesar das qualificações académicas destes funcionários, a prestação eficaz de serviços de extensão continua a exigir boas competências de comunicação, que a maioria destes novos recrutas pode não ter (por exemplo, competências de comunicação, organização e facilitação da formação dos agricultores, formação dos jovens, etc.). Existem vários métodos comprovados de capacitação dos extensionistas, como workshops, conferências, parcelas de demonstração, formação formal, formação em serviço, coaching e mentoria, e formação no local de trabalho (Stephen, Brien & Triraganon, 2006 citado em Photakoun, Millar & Race, 2010:92). O reforço das capacidades dos extensionistas (ADTs) deve ser fundamental para melhorar os meios de subsistência dos avicultores indígenas. No entanto, o reforço das capacidades de extensão é muitas vezes negligenciado na pressa de fazer com que os resultados da investigação e dos produtos de desenvolvimento saiam da porta e sejam aceites pelas comunidades rurais (Millar & Connell, 2010:219). Esta atitude criou uma desconexão entre a disseminação das tecnologias e a sua utilização pelo público-alvo. A abordagem dos desafios implicará um novo olhar sobre os programas de formação dos extensionistas. O objetivo geral do estudo foi avaliar o programa de desenvolvimento profissional para os Técnicos de Desenvolvimento Agrícola na ECP com evidência empírica do Distrito de Amathole.

## 8.3 Os objectivos específicos são os seguintes

a. Determinar os métodos de desenvolvimento de capacidades utilizados para os técnicos de desenvolvimento agrícola para o desenvolvimento de aptidões e competências;

b. Determinar os métodos de capacidade mais preferidos que poderiam melhorar a eficácia dos técnicos de desenvolvimento agrícola

### 1.1.1 As questões de investigação são:

a. Quais são os métodos de desenvolvimento de capacidades utilizados para a formação de Técnicos de Desenvolvimento Agrícola no Distrito de Amathole?

b. Quais são os métodos de desenvolvimento de capacidades mais preferidos que poderiam levar à melhoria da eficácia da capacidade dos Técnicos de Desenvolvimento Agrícola?

## 8.4 Metodologia

### 8.4.1 Classificação dos métodos de desenvolvimento de capacidades em função dos requisitos de competência

Os extensionistas das zonas de estudo responderam a um questionário que envolvia a sua classificação dos métodos de desenvolvimento de capacidades utilizados pela província para formar os extensionistas.

Os vários métodos identificados incluem:

a. Formação em workshops;
b. Formação em serviço;
c. Seminários internos;
d. Escolas de Campo para Agricultores;
e. Formação no local de trabalho;
f. Visitas cruzadas e visitas de estudo;
g. Mentoria;
h. Reuniões do pessoal;
i. Reuniões mensais de revisão;
j. Estudo formal;
k. Utilizar a Internet e ler documentos.

### 8.4.2 População e dimensão da amostra

Um total de 120 questionários foi distribuído entre os oito municípios que compõem o distrito de Amathole, à razão de 15 questionários por município. A verificação semanal dos questionários foi feita através de chamadas telefónicas. Após oito semanas (julho a agosto de 2012) de distribuição dos questionários, 39 (32,5%) foram devolvidos, seis (5%) foram descartados por má introdução de dados e apenas 33 (27,5%) foram considerados utilizáveis para análise de dados.

O questionário desenvolvido para os ADTs foi dividido em duas partes. A primeira parte continha informações sobre o seu perfil demográfico, enquanto a segunda parte continha informações sobre os vários tipos de programas de recursos humanos em escalas de classificação do tipo Likert que variavam entre 1 (Menos eficaz), 2 (Um pouco eficaz), 3 (Eficaz), 4 (Muito eficaz) e 5 (Muito eficaz). Os inquiridos classificaram os níveis de eficácia dos tipos de programas de recursos humanos comuns ao programa de desenvolvimento das capacidades humanas do departamento. As pontuações médias foram calculadas para cada item do programa, após o que foi utilizado um ponto de corte de 3,5 [(1+2+3+4+5) /5+0,5] para diferenciar entre os programas de recursos humanos mais eficazes e menos eficazes, x ≥3. 5 classificado como mais eficaz e x<3,5 classificado como menos eficaz, em que x é a pontuação média. Obteve-se um coeficiente de fiabilidade (r) de 0,890, considerado uma medida boa e fiável como instrumento de recolha de dados.

### 8.4.3 Análise dos dados

Os dados recolhidos foram analisados com recurso a estatísticas descritivas e inferenciais. Foram utilizadas estatísticas descritivas, incluindo médias, desvios-padrão, frequências e percentagens, enquanto o teste de adequação do Qui-quadrado foi utilizado para determinar o nível de significância dos vários programas de recursos humanos. Os dados foram analisados utilizando o SPSS (versão 20) (2011).

## 8.5 Resultados

### 8.5.1 Perfil demográfico dos técnicos de desenvolvimento agrícola (TDA)

Os dados recolhidos junto dos ADTs indicaram que havia mais mulheres (54,5%) do que homens nesta parte dos serviços de extensão pública. A maioria dos ADTs (39,5%) tinha entre 46 e 50 anos de idade (DP 7,393). A maioria (57,6%) possuía um diploma, enquanto muitos (48,5%) dos trabalhadores tinham entre 16-20 anos de serviço (Tabela 8.1).

**Tabela 8.1: Perfil demográfico dos ADTs (n=33)**

| | | N | % | S D |
|---|---|---|---|---|
| Gender | Male | 15 | 45.5 | |
| | Female | 18 | 54.5 | |
| Age | 25-30 | 5 | 15.2 | |
| | 31-35 | 1 | 3 | |
| | 36-40 | 9 | 27.2 | |
| | 41-45 | 5 | 15.2 | |
| | 46-50 | 13 | 39.5 | 7.393 |
| Marital status | Single | 12 | 36.4 | |
| | Married | 21 | 63.6 | .489 |
| Education | Diploma | 19 | 57.6 | |
| | Degree | 14 | 42.4 | .502 |
| Job description | Agricultural Development Technicians | 33 | 100 | |
| Years | 1-5 | 4 | 12.1 | |
| | 6-10 | 6 | 18.2 | |
| | 11-15 | 4 | 12.1 | |
| | 16-20 | 10 | 30.3 | |
| | 21-25 | 7 | 21.2 | |
| | 26-30 | 2 | 6.05 | 1.281 |

A Figura 8.1 mostra o número total de menções feitas pelos inquiridos sobre os métodos de capacitação utilizados para a formação dos extensionistas. Os mais mencionados foram a formação em serviço (81%; n=33), o estudo formal (81%; n=33), as reuniões do pessoal (84,85%; n=33), os workshops (72,73%; n=33) e a formação no local de trabalho (OTJT) (66,7% n=33). No entanto, a utilização de FFS (3,03%; n=33), actividades de aprendizagem na aldeia (VLA) (6,06%; n=33), formação no local (9,09%; n=33), formação em visitas cruzadas e revisão mensal (MRT) (12,12%; n=33) e mentoring (18,18%; n=33) foram pouco frequentes.

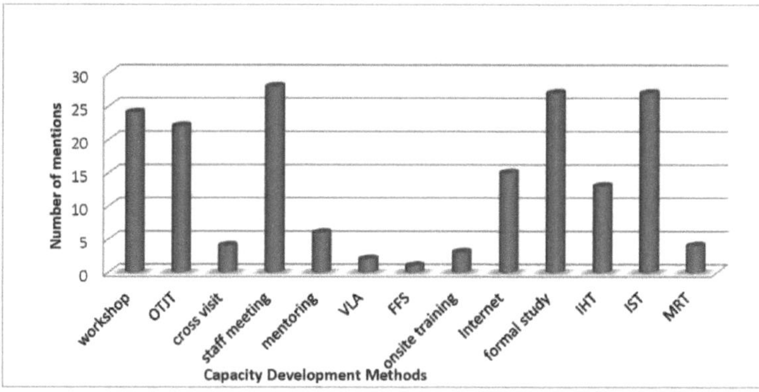


**Figura 8.1**: Métodos de desenvolvimento de capacidades utilizados

A Tabela 8.2 mostra os programas de desenvolvimento de recursos humanos do Departamento de Desenvolvimento Rural e Reforma Agrária (DRDAR) e indica que a formação no local teve uma pontuação média de 3,39 (DP=1,059) e foi classificada como a mais preferida pelos Técnicos de Desenvolvimento Agrícola para formação. Seguem-se as reuniões de pessoal, com 3,33 (DP=0,957), e os estudos formais, com 3,18 (DP=1,131). A escola de campo dos agricultores (FFS) teve a pontuação média mais baixa de 2,30 (SD=1,104).

**Tabela 8.2: Classificação dos métodos de desenvolvimento de capacidades mais preferidos (N=13)**

| Training programs | Mean | S D | Ranking order |
|---|---|---|---|
| Onsite training | 3.39 | 1.059 | 1 |
| Staff meeting | 3.33 | .957 | 2 |
| Formal study | 3.18 | 1.131 | 3 |
| In service training (IST) | 3.12 | 1.053 | 4 |
| On the job training (OTJT) | 3.12 | 1.269 | 4 |
| Monthly review training (MRT) | 3.09 | 1.182 | 6 |
| Village learning activities (VLA) | 2.97 | .810 | 7 |
| Mentoring | 2.82 | 1.211 | 8 |
| Workshop training | 2.76 | 1.119 | 9 |
| Cross visit and study tours (CVandST) | 2.76 | 1.226 | 9 |
| In house training (IHT) | 2.64 | .962 | 11 |
| Using internet | 2.52 | 1.228 | 12 |
| Farmer field school (FFS) | 2.30 | 1.104 | 13 |

**Tabela 8.3: Qui-quadrado de ajuste dos programas de desenvolvimento de capacidades**

| Training programs | P value |
|---|---|
| Workshop training | .007** |
| On the job training | .626 |
| Cross visit and study tours (CVandST) | .062 |
| Staff meeting | .001** |
| Mentoring | .003** |
| Village learning activities (VLA) | .001** |
| Farmer field school (FFS) | .292 |
| Onsite training | .001** |
| Using internet In service training | .033* |
| Formal study | .003** |
| In house seminar | .116 |
| In service training | .000*** |
| Monthly review training (MRT) | .033* |

*p<0,05; **p<0,01; ***p<0,001

## 8.6 Discussão

A melhoria dos meios de subsistência dos agricultores e dos habitantes das zonas rurais é um dos objectivos dos serviços de extensão agrícola. Consequentemente, a formação da força de trabalho é uma das partes vitais do desenvolvimento dos recursos humanos. A formação, de acordo com Warr (2002), visa melhorar a eficácia numa função atual. Geralmente, envolve actividades planeadas que permitem a um trabalhador desenvolver as aptidões, atitudes, competências e conhecimentos necessários à organização e às exigências do trabalho. A formação tem a ver com a melhoria das capacidades tanto dos empregados como da organização.

### 8.6.1 Métodos de desenvolvimento das capacidades da DRDAR

Os métodos de desenvolvimento de capacidades habitualmente utilizados pelo departamento para formar os ADT são identificados, por ordem, como: reunião de pessoal (84,85%), formação em serviço e estudo formal (81,8%) cada, workshop (72,73%) e formação no local de trabalho (66,7%). A Figura 8.1 mostra o número total de menções pelos inquiridos dos métodos de desenvolvimento de capacidades utilizados. A maioria dos inquiridos indicou uma utilização limitada de métodos como o FFS, as actividades de aprendizagem na aldeia (VLA) e a formação no local de trabalho. O nível de significância dos programas de formação para o desenvolvimento de capacidades foi investigado através do teste qui-quadrado de adequação. Como se pode ver na tabela 8.3, o qui-quadrado de ajuste dos programas de desenvolvimento de capacidades da DRDAR indica que a formação em workshops, $X^2$ (12, N=13) = 0,007, p<0,01; as reuniões de pessoal, $X^2$ (4, N13) = 0,001, p<0,01; a tutoria, $X^2$ (3, N=13) =0.003, p<0,01; actividades de aprendizagem na aldeia, X2 (4, N=13) =0,001, p<0,01; formação no local, $\chi 2$ (4, N=13) =0,001, p<0.01; formação em serviço $\chi 2$ (4, N=13) =0,000, p<0,001 e estudo formal $\chi 2$ (4, N=13) =0,003, p<0,01 são estatisticamente significativos. No entanto, a formação no local de trabalho, $\chi 2$ (4, N=13) =0,626, p<0,05, a visita cruzada e as visitas de estudo, $\chi 2$ (4, N=13) =0,062, p<0,05 e a FFS $\chi 2$ (4, N=13) =0,292, p<0,05 não são estatisticamente significativas.

### 8.6.2 Classificação dos métodos de desenvolvimento de capacidades preferidos pelos inquiridos

O estudo revelou as diferentes formas de programas de formação disponíveis para os Técnicos de Desenvolvimento Agrícola na área de estudo. A formação no local (x=3,39), as reuniões de pessoal (x=3,33) e o estudo formal (x=3,18) obtiveram a pontuação média mais elevada por ordem decrescente. Seguem-se de perto a formação em serviço e o estudo formal. A formação no local de trabalho foi confirmada como sendo um meio eficaz de formação e atualização das competências dos extensionistas (De Silva, Phillips, Sih & Zhou, 2001). Para uma utilização eficaz da formação no local como método, De Silva *et al.* (2001) defendem uma maior interação entre os extensionistas e os agricultores. As reuniões do pessoal foram classificadas em segundo lugar com uma pontuação média de x=3,33. As reuniões do pessoal são um método com

mecanismos de criação de um ambiente animado para partilhar ideias e planear em conjunto (Photakoun, Millar & Race, 2010:96). As reuniões de pessoal são utilizadas há muito tempo, o que tem a vantagem de criar um ambiente propício à apresentação de relatórios de progresso, produtos e resultados das actividades, à obtenção de feedback do terreno e ao brainstorming coletivo para a resolução de problemas e a elaboração de planos (Photakoun *et al.* 2010:96). Por outro lado, a educação formal é a frequência da escolaridade formal, que também pode ser descrita como formação em serviço. A educação formal tem a propensão para mudar a atitude e a forma como as pessoas abordam as questões do desenvolvimento sustentável. A maioria (89.7%; n=33) dos inquiridos tinha frequentado formação em serviço, tanto no distrito como fora da província, num ambiente de educação formal. A eficácia da extensão depende da qualidade do pessoal da extensão. Como resultado, a formação em serviço foi concebida para equipar os Técnicos de Desenvolvimento Agrário para satisfazerem as exigências do trabalho e melhorar as suas competências. A formação colocou os extensionistas na posição privilegiada de responder às necessidades e aos desafios dos agricultores a partir dos seus conhecimentos informados e criativos. A falta de uma formação integrada para o desenvolvimento dos extensionistas poderia transformar-se numa formação paliativa (Gooderham & Lund, 1992 citado em Lopokoiyit *et al.* 2013:89). Numa tentativa de superar as deficiências, foi defendido um programa eficaz de formação em serviço infundido com um serviço de extensão baseado no conhecimento (Rivera & Alex, 2008). Vários autores Karroubi & Matani, (2009), Khanmohammadi (2010); Sarboland & Mousavi (2012) confirmaram a eficácia da formação em serviço para melhorar o desempenho, as aptidões, a competência, a motivação e a satisfação profissional dos trabalhadores.

### 8.6.3 Formação no local de trabalho

Trata-se de um método de formação que permite a aprendizagem e a demonstração de competências práticas. A maioria dos inquiridos defende a sua inclusão na formação devido aos seus efeitos práticos. Tem a vantagem de cimentar boas relações de trabalho entre os extensionistas e os agricultores. Também cria oportunidades para que os agricultores, os extensionistas e os cientistas adquiram conhecimentos, aptidões, competências, experiência e confiança (Photakoun *et al.* 2010) num ambiente de trabalho conjunto e de partilha de conhecimentos.

## 8.7 Conclusão

O resumo das conclusões é apresentado a seguir:

a. As reuniões de pessoal foram identificadas como o método mais comum de desenvolvimento de capacidades, seguidas de formação em serviço, estudo formal, workshop e formação no local de trabalho;

b. As escolas de campo para agricultores, as actividades de aprendizagem nas aldeias, as revisões mensais, as visitas cruzadas e as visitas de estudo foram utilizadas com moderação;

c. Os inquiridos mostraram-se favoráveis aos seguintes métodos de desenvolvimento das capacidades do serviço: formação no local, reuniões de pessoal, estudo formal, formação em serviço, formação no local de trabalho e reuniões mensais de avaliação.

### 8.7.1 Implicações

O objetivo final da análise dos métodos de desenvolvimento de capacidades para as EDA é identificar quais deles são relevantes para os avicultores indígenas que o estudo defende. Os ADTs devem formar os IPFs e, invariavelmente, precisam de ser capacitados. A maioria dos métodos preferidos pode ser dispendiosa de utilizar em permanência, por exemplo, a formação no local e a formação de revisão mensal. A produção avícola indígena destina-se a agricultores pobres em recursos que já estão presos e defender a privatização da extensão poderia ser um fardo para a maioria. Consequentemente, o governo terá que apoiar o projeto e também procurar a ajuda de doadores internacionais para a sua implementação. A maioria dos métodos pode também requerer o apoio de peritos e instituições para o desenvolvimento das capacidades das EDAs. As questões técnicas desenvolvidas nas reuniões mensais de revisão podem também levar à produção de boletins técnicos que servirão de guias para os cientistas e as EDA.

### 8.7.2 Recomendações

a. É necessária uma combinação de diferentes métodos de desenvolvimento de capacidades que crie variedade e distribua o custo da formação;

b. A direção deve tirar partido dos métodos mais preferidos do pessoal, o que deverá contribuir para a conceção e utilização de métodos de formação adequados ao pessoal.

# CAPÍTULO 9

## QUESTÕES CONTEXTUAIS

### 9.1 Introdução

Esta tese explorou uma dimensão negligenciada do programa de redução da pobreza do governo da província do Cabo Oriental, nomeadamente a utilização da produção avícola indígena (PIA). O estudo teve como objetivo desenvolver uma nova abordagem, baseada num modelo conceptualizado, para resolver a situação de pobreza comum aos habitantes rurais pobres em recursos da PCE. O estudo teve um olhar crítico sobre a forma como o método tradicional de criação de aves ao nível da recolha poderia ser utilizado para a redução da pobreza. O estudo explorou várias perspectivas de abordagem das principais questões da empresa PIP. A primeira questão-chave de discussão foi a caraterização dos sistemas de produção avícola autóctones praticados pela população rural (Capítulo 5). O capítulo abordou as práticas de produção dos avicultores indígenas (IPFs) do ponto de vista dos tipos de alojamento, regime de alimentação, gestão dos cuidados de saúde, programa de reprodução e canais de comercialização em uso, bem como a perceção dos agricultores. A segunda questão-chave discutida foi a lacuna de competências e as necessidades de formação dos avicultores autóctones, que foram avaliadas juntamente com as dos técnicos de desenvolvimento agrícola (TDA). Isto foi feito para determinar os níveis de competência das IPFs, a fim de tentar conceber um programa de formação (Capítulo 6). A terceira questão chave debruçou-se sobre os vários modelos de PIP praticados noutras partes do mundo. Foi desenvolvido um modelo concetual de avicultura indígena, tendo em consideração a capacidade sociocultural e económica dos beneficiários-alvo (Capítulo 7). O conceito de um "Modelo de Sistema Aberto" foi utilizado no desenvolvimento do novo modelo avícola. A quarta questão-chave abordou o desafio do Desenvolvimento de Recursos Humanos (DRH) no Departamento de Desenvolvimento Rural e Reforma Agrária (DRDAR) (Capítulos).

A produção avícola autóctone é um sistema de criação tipicamente utilizado pelos pobres em recursos. O modelo de Bariadi (RLDC, 2010) sobre os factores que afectam a criação de galinhas foi utilizado no processo de caraterização do PIP na área de estudo. Quatro áreas críticas que ancoram a eficácia do PIP foram examinadas numa análise da situação: alimentação, alojamento, cuidados de saúde e padrões de criação. A análise da situação permitiu uma melhor compreensão do que estava disponível e das áreas de força e fraqueza que existiam nas áreas de estudo. A tese avaliou as práticas locais de criação de PI, com o objetivo básico de compreender o como e o porquê de um método. A metodologia levou à criação de uma base de dados funcional para o PIP para agricultores pobres em recursos.

A PIP é uma agricultura com poucos factores de produção, comum às pessoas com poucos recursos. As perspectivas da PIP na PCE ainda não foram exploradas para combater a pobreza generalizada na África do Sul, apesar da preferência crescente pela sua carne. A maior parte das investigações sobre a PIP na África do Sul centrou-se em aspectos técnicos e excluiu a investigação de ação. A partir de discussões com os inquiridos sobre os vários parâmetros de produção, tornou-se óbvio que muitos dos desafios se prendem com a falta de competências e o fraco apoio dos serviços de extensão. Os serviços de extensão dificilmente discutem ou aconselham os inquiridos sobre as várias ameaças e desafios que enfrentam (Capítulo 5). O desafio das competências dos ADTs (Capítulo 6) também foi óbvio, com a maioria a não ter experiência na gestão de aves de capoeira indígenas (PI). Uma abordagem pragmática a este projeto levou ao desenvolvimento de um modelo conceptualizado para a implementação do no PCE. Mais ainda, o DRH analisado e o roteiro previsto para o desenvolvimento das capacidades humanas dos ADTs.

### 9.2.1 Produção avícola autóctone

O processo de investigação permitiu ao investigador ter um conhecimento mais aprofundado dos estilos de produção das FPI comuns às áreas de estudo. O conhecimento gira em torno do alojamento, dos métodos de alimentação, da gestão dos cuidados de saúde das galinhas, das estratégias de criação e do objetivo da criação de PI. Também se procurou conhecer as percepções dos agricultores sobre a comercialização dos frangos, que foi recebida de forma muito favorável. As competências técnicas autóctones dos agricultores foram avaliadas utilizando um índice de 32 competências extraído de várias literaturas.

### 9.2.2 Produção avícola autóctone e segurança alimentar

Um dos aspectos do PIP é compreender se e como a produção avícola se relaciona com a segurança alimentar dos pobres em recursos. Vários estudos confirmaram que o PIP liberta os agricultores da pobreza em várias partes do mundo (Dolberg, 2004; Dossa, Birner, Wollny, 2003; Peacock, 2005). A criação de PI é sinónimo de mulheres que a utilizam para várias actividades que apoiam os meios de subsistência (Sonaiya *et al.* 1999; Gueye, 2000). Este estudo confirmou que o PIP contribui significativamente para a melhoria da qualidade de vida das pessoas que criam galinhas para apoiar os seus meios de subsistência, contribui para o bem-estar social das famílias e melhora a qualidade da ingestão nutricional através do consumo de ovos e carne. Os excrementos das aves de capoeira também contribuem para a fertilidade da horta doméstica para aqueles que cultivam legumes. As famílias biparentais consomem mais aves de capoeira e ovos do que as famílias monoparentais, viúvas ou chefiadas por crianças. O maior consumo de produtos avícolas pode estar relacionado com o estilo de gestão das explorações avícolas das famílias colectivas. Este estilo de criação de aves era comum entre os casais. Este modo de criação colectiva revelou-se vantajoso devido à divisão do trabalho na gestão das galinhas. No entanto, a maior parte dos agricultores não vê o PIP de um ponto de vista comercial e, nos casos em que alguns agregados familiares mantinham grandes quantidades de aves para fins comerciais, uma morte na família, quer do marido quer da mulher, provocava um grande colapso do negócio. Uma grande proporção dos agregados familiares chefiados por mulheres, mais do que os chefiados por homens, estava envolvida no PIP e em nenhuma outra atividade pecuária. A maioria dos agregados familiares chefiados por mulheres, incluindo as viúvas e os idosos, eram capazes de sustentar os seus agregados familiares com a criação de PI, dando assim crédito à forte ligação entre PI e os pobres em recursos. Muitos dos pobres em recursos que estão envolvidos no PIP poderiam identificar oportunidades para aumentar a escala, mas estão limitados devido aos desafios prevalecentes no ambiente e ao fraco apoio institucional (Capítulo Cinco).

### 9.2.3 Contexto económico

A maioria dos agricultores desconhece as potencialidades de comercialização dos PI. Para além do consumo doméstico, a maioria criava aves do ponto de vista social e como presentes. No entanto, a maioria das pessoas a quem o investigador e os membros da equipa compraram os frangos afirmaram que estariam relativamente confortáveis do ponto de vista económico para comprar coisas essenciais para a casa se pudessem vender pelo menos dois frangos por semana à taxa de R35 por frango adulto. Ou seja, melhorariam a sua capacidade de comprar eletricidade, comprar café, pagar os transportes e cuidar das famílias. A vontade de se aventurar com um grande número de aves era muito alta. A produção de aves de capoeira exóticas não foi considerada, enquanto que os resultados de investigação noutros locais indicaram a preferência pela carne de aves de capoeira indígena devido à natureza tenra da carne (McCarthy, O'reilly, Cotter & De Boer, 2004; Pym, Guerne, Bleich & Hoffmann, 2006). A preferência crescente por alimentos biológicos pode ser uma vantagem para os PIP.

Atualmente, não existe um mercado organizado para a venda de aves de capoeira autóctones nas áreas de estudo, pelo que o modelo desenvolvido pelo investigador tem canais de transformação e comercialização (Capítulo 7). As cadeias de processamento e comercialização foram incluídas para eliminar os desafios enfrentados pelos pequenos agricultores no acesso ao mercado. Entre estes estão: reduzir o fosso entre produtores e consumidores no acesso aos produtos acabados; eliminar o envolvimento de intermediários na cadeia de comercialização que criam estrangulamentos e desviam o preço; e o desafio de transporte dos agricultores em aldeias remotas. Esta afirmação foi corroborada por

Aklilu (2007), que constatou que a formação de um grupo de comercialização pode reduzir significativamente os custos de transação para os produtores através da organização de um sistema de transporte e do acesso incontrolado à informação, bem como da eliminação de intermediários, aumentando assim o poder de negociação dos agricultores.

### 9.2.4 Contexto sociocultural

O impacto do ambiente sócio-cultural não é evidente na criação de aves de capoeira nas áreas de estudo. Não existe uma dinâmica específica que associe a criação de aves de capoeira a quaisquer actividades socioculturais das pessoas, que são principalmente isiXhosa. A única força motriz cultural observada foi a procura, por parte do *sangoma* (médico nativo ), de galinhas com penas pretas, que não são comuns em todas as áreas amostradas. No entanto, foi registado um aumento da procura de galinhas nos períodos festivos do Natal e do Ano Novo (Taha & Hahn, 2012). Outra força significativa que poderá desempenhar um papel importante no futuro é a preocupação das pessoas com a saúde. Por exemplo, estão a ser levantadas questões sobre os alimentos que as pessoas compram: de onde vêm, como foram produzidos, até que ponto são realmente saudáveis, se contêm antibióticos, hormonas de crescimento, pesticidas ou fertilizantes (Ottermann, 2013). Esta situação pode criar uma vantagem comparativa de aumento da procura de carne de aves de capoeira indígena no mercado. No entanto, a carne de peru também atrai uma grande procura durante o período de Natal, como testemunhado pelo número limitado de inquiridos nas áreas de estudo.

### 9.2.5 Produção avícola autóctone (PIA) para uma melhor produção avícola

A média geral do tamanho dos bandos de galinhas nas áreas de estudo foi de 29,98 por agregado familiar. Isto foi mais do que as conclusões de Sonaiya & Swan (2005) de que 5 a 20 galinhas são consideradas como o limite que pode ser mantido por uma família sem a necessidade de alimentação suplementar, alojamento melhorado e trabalho extra na produção. Mesmo antes de explorar um mecanismo para melhorar a produção avícola, a fase de PIP nas áreas de estudo já exigia o apoio e o desenvolvimento das capacidades dos agricultores. Portanto, numa tentativa de melhorar a situação atual dos agricultores, havia necessidade de uma abordagem pragmática que fosse viável, acessível, simples, com conteúdo local e sustentável. A expansão para rebanhos maiores por parte dos agricultores exigirá vacinas e a promoção de uma boa higiene. Isto terá invariavelmente um impacto positivo na taxa de mortalidade. Uma vez reduzida a mortalidade, um aumento significativo do tamanho do bando exigirá alimentação suplementar, boas condições de alojamento, segurança contra roubos e predadores, e o estabelecimento de pasto forrageiro. O desenvolvimento escasso de erva forrageira pode encorajar as galinhas a deslocarem-se mais para procurar ervas e insectos, o que as exporia ainda mais ao perigo, ao roubo e aos predadores. No entanto, era necessário apoiar os agricultores na fase inicial do projeto, através de facilidades de crédito para a compra de insumos (rações, medicamentos, vacinas, alojamento e raças melhoradas). A modalidade de reembolso é sugerida na estrutura cooperativa para as IPFs (Capítulo 7).

# CAPÍTULO 10

## RESUMO E RECOMENDAÇÕES

### 10.1 Resumo das conclusões

O estudo centrou-se no PIP tal como praticado entre os habitantes rurais em aldeias selecionadas no município de Nkonkobe.

A criação de aves de capoeira autóctones era popular e dominada pelas mulheres, a maioria das quais tinha o ensino secundário. Os agregados familiares eram maioritariamente chefiados por mulheres. As aves de capoeira eram criadas principalmente para consumo doméstico e o estilo de produção era basicamente ao ar livre, com suplementos para as galinhas. Os pintos recém-nascidos eram alimentados com milho triturado e alguns utilizavam puré de pintos. O alojamento das aves era mal construído, na sua maioria com chapas de ferro ondulado. As aves eram tratadas com medicamentos etno-veterinários, sendo as folhas de *Aloe ferox* a principal droga vegetal. *O Aloe ferox* é utilizado como tratamento profilático e curativo de diferentes doenças das aves de capoeira. A elevada mortalidade dos pintos (entre um dia e seis semanas de idade) foi comum na maioria das IPF. Estas mortes foram atribuídas a morte súbita, doenças, tempo frio, ataque de ratazanas e ratos gigantes. Algumas IPFs deram aos pintos recém-nascidos terapia de reidratação oral (ORT) nos primeiros três dias e isso reduziu a mortalidade em mais de 80% entre os pintos que atingiram a idade adulta. Os predadores aéreos também estavam a atacar os pintos, o que resultou em perdas elevadas. A mortalidade das aves de capoeira adultas era geralmente baixa, devido a doenças e pragas, mas as aves enfrentavam o desafio de animais selvagens como cães, cobras e predadores noturnos, que eram comuns aos agricultores que faziam fronteira com o mato ou ambientes rochosos. Os ADTs eram pouco qualificados no IPP. A maior parte possui diplomas em extensão agrícola e outros têm graus académicos em extensão agrícola. Por outro lado, os IPFs mostraram competências em nove das 32 áreas de competências identificadas na literatura, enquanto os ADTs não mostraram nenhuma competência. As competências dos IPFs foram: a capacidade de identificar sinais de doenças nas aves; ectoparasitas nas aves; predadores de galinhas, controlo de predadores; e métodos de medicamentos etno-veterinários para tratar doenças e parasitas.

## 10.2 Desenvolvimento dos recursos humanos

As reuniões de pessoal foram identificadas como o método mais comum de desenvolvimento de capacidades, seguidas de formação em serviço, estudos formais, workshops e formação no local de trabalho. A utilização de escolas de campo para agricultores (FFS), actividades de aprendizagem nas aldeias, revisões mensais, visitas cruzadas e visitas de estudo foram pouco frequentes. No entanto, os inquiridos preferiram a formação no local, as reuniões de pessoal, o estudo formal, a formação em serviço, a formação no local de trabalho e as reuniões de revisão mensal, por esta ordem.

## 10.3 Desenvolvimento de competências e PIP

O desenvolvimento de competências na PIP continua a ser uma componente essencial da melhoria do sistema. Uma tentativa de compreender melhor as competências dos agricultores e dos ADT conduziu a uma auditoria de competências. Foi concebido um roteiro de formação sobre o desenvolvimento de competências, tanto para os IPF como para os ADT do estudo (Capítulo 6).

O IPPM apresentado pelo investigador integrou o desenvolvimento económico, produtivo e de capacidades dos agricultores (Capítulo 7).

## 10.4 Implicações políticas

A investigação foi levada a cabo utilizando uma abordagem científica para melhorar a produção avícola indígena, a fim de fazer face à pobreza rural generalizada e contribuir para o conhecimento. Com as actuais condições das IPFs, em termos de conhecimentos, competências e infra-estruturas disponíveis, contextos socioculturais e vontade de comercializar a IP, existe uma elevada propensão para o sucesso da IP como empresa agrícola. Por conseguinte, é necessário preencher o vazio criado pela falta de apoio institucional que existe nas áreas de estudo. Como resultado desta lacuna, e com uma tentativa de capitalizar os esforços colectivos dos agricultores, foi desenvolvido um modelo de produção avícola indígena com uma sociedade cooperativa incorporada. O objetivo da investigação dos métodos de desenvolvimento de capacidades para os ADT é identificar quais os métodos que apoiarão os métodos de desenvolvimento de capacidades para os avicultores indígenas. As EDAs devem formar as FPIs e, invariavelmente, precisam de ser capacitadas. A maior parte dos métodos preferidos pelos ADT são dispendiosos, por exemplo, a formação no local e a formação de revisão mensal. A produção avícola autóctone destina-se a agricultores com poucos recursos, pelo que defender a privatização da extensão (como está a ser feito em alguns quadrantes) poderia ser oneroso para a maioria. Consequentemente, o governo terá que apoiar o projeto e também procurar a ajuda de doadores internacionais para a sua implementação.

A maioria dos domínios identificados como cruciais para o

desenvolvimento de um modelo viável exigirá o apoio de peritos e instituições. Por exemplo, o desenvolvimento de rações para aves de capoeira altamente nutritivas com conteúdos locais, a conceção de alojamentos adequados, a utilização de remédios etno-veterinários, o desenvolvimento de capacidades das IPFs e das ADTs, a gestão de cooperativas e as estruturas de comercialização. Além disso, as questões técnicas a desenvolver em vários fóruns da fase de implementação do projeto-piloto poderão levar à produção de boletins técnicos que servirão de guias para cientistas, ADTs e IPFs. Tudo isto exigirá um financiamento de apoio, formação e desenvolvimento das capacidades de todas as partes interessadas . É necessária uma relação de trabalho sinérgica que envolva organizações privadas, ONG e departamentos governamentais, o que exige relações de trabalho fortes baseadas num sólido memorando de entendimento.

## 10.5 Recomendações

É necessário o apoio institucional dos departamentos governamentais, da Comunidade Universitária e das organizações não-governamentais (ONGs) para divulgar material, demonstrar, organizar e formar os agricultores em todas as fases da produção.

Os actuais métodos de criação de PIP dos agricultores poderiam ser melhorados através da aplicação do modelo concetual para aumentar a escala da indústria.

Deveria ser feito um esforço consciente no sentido de desenvolver as capacidades dos técnicos de desenvolvimento agrícola no domínio da produção avícola autóctone, com formação prática.

Propõe-se uma combinação de diferentes métodos de desenvolvimento de capacidades para criar variedade e distribuir o custo da formação, capitalizando simultaneamente os métodos mais favorecidos.

A investigação futura poderá ter de comparar o custo de produção da criação de PI exclusivamente em sistemas de produção ao ar livre, biológicos e alimentados com erva ou combinações de diferentes estilos de produção. Além disso, a investigação futura pode tentar identificar os tipos mais adequados de gramíneas e leguminosas que melhor podem apoiar os PI em termos de valores nutritivos, digestibilidade e promoção do crescimento.

# REFERÊNCIAS

Abdelqader, A., Wollny, C. B. A. & Gauly, M., 2007. Characterization of local chicken production systems and their potential under different levels of management practice in Jordan, pp. 155164. Disponível em:< http://link.springer.com/article/10.1007%2Fs11250-007-9000-x> [Acedido em 01 de fevereiro de 2012].

Abolnik, C., Gerdes, G. H., Kitching, J., Swanepoel, S., Romito, M. & Bisshchop, S. P. R., 2008. Characterization of pigeon paramyxoviruses (Newcastle disease virus) isolated in South Africa from 2001 to 2006. Disponível em:< http://hdl.handle.net/10019.1/19431 > [Acedido em 03 de fevereiro de 2013].

Adekunle, O. A., Oladipo, F. O., Adisa, R.S. & Fatoye. A. D., 2009. Constrangimentos ao envolvimento dos jovens na produção agrícola no estado de Kwara, Nigéria. *Jornal de extensão agrícola.* 13(1), pp.102-108.

Adhiguru, P., Birthal, P. S. & Kumar, B. G., 2009. Strengthening pluralistic agricultural information delivery systems in India [Reforço dos sistemas pluralistas de prestação de informações agrícolas na Índia]. Agricultural Economics Research Review 22, pp. 71-79.

Africascope, 2013. Disponível em em<http://www.africascope.net/content/changing-face-sa%E2%80%99s-poverty> [Acedido em 27 de julho de 2013].

ASGISA (Iniciativa de Crescimento Acelerado e Partilhado para a África do Sul), 2006. Relatório Anual. Presidência, República da África do Sul. Pretória.

Agenor, P.R., Aizenman, J. & Hoffmaister, A.W., 2004. The Credit Crunch in East Asia: What Can Bank Excess Liquid Assets Tell Us? Journal of International Money and Finance 23, pp. 27-49. Disponível em: < http://dx.doi.org/10.1016/j.jimonfin.2003.08.008> [Acedido em: 18 de outubro de 2012]

ARC (Conselho de Investigação Agrícola). Relatório Anual 2009/2010 Pretória. Disponível em:< www.arc.agric.za> [Acedido em 13 de maio de 2012].

AgriSETA 2010. Plano Estratégico de Competências do Setor Agrícola: 2011-2016. Departamento de Ensino Superior e Formação. Pretória, África do Sul.

AgriSETA, 2010. Análise Sectorial da Agricultura, submetida ao Departamento de Ensino Superior e Formação

Ahlers, C., 1999. "Erkrankungen und Produktionsverluste in der traditionellen Hunerhaltung in Nord-Malawi". Dissertação de doutoramento. Dissertação, Universidade Livre de Berlim, Alemanha. In: Abdelqader, A., Wollny, C. B. A. & M, Gauly, 2007. Characterization of local chicken production systems and their potential under different levels of management practice in Jordan (Caracterização dos sistemas locais de produção de frangos e seu potencial sob diferentes níveis de práticas de gestão na Jordânia). Disponível em:< http://link.springer.com/article/10.1007%2Fs11250-007-9000-x> [Acedido em 01 de fevereiro de 2012].

Ahmed, N., 2000. O modelo das pequenas explorações avícolas no Bangladesh. In: G. Pedersen, A. Permin, & U. M. Minga (eds.) Possibilities for smallholder poultry projects in Eastern and Southern Africa. Actas de um workshop, Morogoro, Tanzânia, 20-25 de maio de 2000. Network for Smallholder Poultry Development, Copenhaga. Disponível em:< www.poultry.kvl.dk> [Acedido em 03 de maio de 2011]

Ahuja, V, (ed.), 2004. Livestock and Livelihoods: Challenges and Opportunities for Asia in the Emerging Market Environment, National Dairy Development Board, Índia e Pro-Poor Livestock Policy Facility (South Asia Hub) da FAO.

Ahuja, V. & Sen, A., 2007. Scope and Space for Small Scale Poultry Production in Developing Countries (Âmbito e espaço para a produção avícola em pequena escala nos países em desenvolvimento). Documento apresentado na Conferência Internacional. Poultry in the 21st Century: Avian Influenza and Beyond. Bangkok.

Aklilu, H.M., 2007. Village chickens in Ethiopia; socio-technical analysis and learning with farmers. Tese de doutoramento; Universidade de Wageningen, Wageningen, Países Baixos.

Akter, S & Farrington, J. 2008. Poverty transition through targeted program: the case of Bangladesh Poultry Model. 82ª Conferência Anual da Sociedade de Economia Agrícola. Royal Agricultural College. REINO UNIDO. Disponível em:< http://ageconsearch> [Acedido em 16 de dezembro de 2013]

Akpalu, D. A., 2013. Prestação de serviços de Extensão Agrícola numa Zona Rural Semi-Árida na África do Sul: O estudo de caso de Thorndale na Província do Limpopo. *Jornal Africano de Alimentação, Agricultura, Nutrição e Desenvolvimento.* Vol. 13 (4), pp. 8034-8057. Disponível em:< http://www.bioline.org.br/request7nd13065> [Acedido em 23 de novembro de 2013]

Alam, J., 1997. Impact of smallholder livestock development project in some selected areas of rural Bangladesh. Livestock Research for Rural Development. Disponível em:< http://www.cipav.org/> [Acedido em 12 de maio de 2012]

Alders, R., 2004. Poultry for profit and pleasure (Aves de capoeira para lucro e prazer). FAO Diversification Booklet 3. Organização das Nações Unidas para a Alimentação e a Agricultura: Roma. Alders, R & Spradbrow, P. 2001. Controlling Newcastle disease in village chickens: a field manual. ACIAR Monograph No. 82, Canberra.

Alders, R.G., Pym, R.A.E & Rushton, J., 2009. Report on the Family Poultry Workshop held during the XXIII World's Poultry Congress *World's Poultry Science Journal*, Vol. 65, pp 298-305

Alders, R. & Spradbrow, P., 2001. Controlling Newcastle Disease in Village Chickens: A Field Manual. Monografia ACIAR N° 82, pp.12. Disponível em:

<> http://www.vsap.uq.edu.au/ruralpoultry[Acedido em: 19 de julho de 2012].

Ali, J., 2007 Livestock sector development and implications for rural poverty alleviation in India (Desenvolvimento do sector pecuário e implicações para a redução da pobreza rural na Índia). *Livestock Research for Rural Development. 19 (27). Disponível em*

<http://www.lrrd.org/lrrd19/2/ali19027.htm>. [Acedido em: 5 de outubro de 2013]

Aliber, M., 2003. Chronic Poverty in South Africa: Incidence, Causes and Policies, World Development, Volume 31(3), pp. 473-490. Disponível em: <doi.org/10.1016/S0305- 750X(02)00219-X. www.sciencedirect.com> [Acedido em: 18 de junho de 2013]

Aliber, M. & Hart, T.G.B., 2009. Deverá a agricultura de subsistência ser apoiada como estratégia para combater a insegurança alimentar rural? *Agrekon* 48 (4), pp.434-458

Aliber, M., 2005. Síntese e conclusões. Em Aliber, M., De Swart, C., Du Toit, A.,Mbhele, T. & Mthethwa, T. Trends and policy challenges in the rural economy: four provincial case studies. Monografia de Investigação do Conselho de Investigação em Ciências Humanas, Programa de Investigação sobre Emprego e Política Económica. Cidade do Cabo: HSRC Press

Aliber, M., 2009. Exploring Statistics South Africa's national household surveys as sources of information about food security and subsistence agriculture. Relatório não publicado, Centro para a Pobreza, Emprego e Crescimento, Conselho de Investigação em Ciências Humanas, Pretória

Allahyari, M. S., 2009 Sustentabilidade agrícola: Implicações para os sistemas de extensão. *Jornal Africano de Investigação Agrícola*. Vol. 4 (9), pp. 781 -786. Disponível em:<www.academicjournals.org/ajar> [Acedido em: 8 de novembro de 2011]

Alsobayel, A.A. & Albadry. M.A., 2012. Efeito da idade e da proporção entre os sexos na fertilidade e eclodibilidade de galinhas poedeiras Baladi e leghorn. *Jornal de Ciências Animais e Vegetais*, 22(1), pp.15-19

Anandajayasekeram, P., Puskur, R., Sinduworkneh, N. & Hoekstra, D., 2008. Concepts and practices in agricultural extension in developing countries: A source book. IFPRI (International Food Policy Research Institute), Washington, DC, EUA, e ILRI (International Livestock Research Institute), Nairobi, Quénia. pp. 275

Anriquez, G. & Stamoulis, K.G., 2007. Rural Development and Poverty Reduction: Is Agriculture Still Key? eJADE: electronic Journal of Agricultural and Development Economics. Organização das Nações Unidas para a Alimentação e a Agricultura, Divisão de Economia Agrícola e do Desenvolvimento, Vol. 4(1). pp.5-46. Disponível em:<http://purl.umn.edu/112591> [Acedido em: 09 de maio de 2012]

Anriquez, G. & Lopez, R., 2007. Agricultural growth and poverty in an archetypical middle income country: Chile 1987-2003. *Agricultural Economics* 36 (2), pp. 191-202.

Asenso-Okyere, K., 2009. Building Capacity to Increase Agricultural Productivity and Incomes of Poor Small-Scale Farmers [Reforço das capacidades para aumentar a produtividade agrícola e os rendimentos dos pequenos agricultores pobres]. 2020 Focus Brief on the World's Poor and Hungry People. Washington, DC: IFPRI.

Ashby, J.A., Gracia, T., Guerrero, M.P., Quiros, C.A., Roa, J.I. & Beltran, J.A., 1995. Institucionalização da participação dos agricultores em testes de tecnologia adaptativa com o "CIAL". Rede de Investigação e Extensão Agrícola do ODI. Documento de Rede 57, p. 43

Atteh, J.O., 1989. Produção avícola rural na região da Cintura Média Ocidental da Nigéria. In: Sonaiya, E. B. ed. 1989. Actas de um Workshop Internacional sobre o Desenvolvimento da Avicultura Rural em África, Ile-Ife, Nigéria, pp. 211-220.

Atunbi, O.A. & Sonaiya, E. B., 1994. An assessment of backyard poultry housing in Osogbo, Osun State, Nigeria, African Network for Rural Development Newsletter 4, p. 7

Awuni, J.A., 1989. Strategies for the improvement of rural chickens Production in Ghana (Estratégias para a melhoria da produção rural de frangos no Gana). In: Characteristics and Parameters in Family Poultry Production in Africa, (IAEA) Viena. Disponível em:< http://www-naweb.iaea.org/nafa/aph/public/4-strategies-awuni.pdf> [Acedido em: 12 de julho de 2011]

Ayinde, A. F. O., 2011. Analysis of Ageing Farming Population and Agricultural Productivity among Cassava Farmers in the Rural Areas of Ogun and Ekiti States, Nigeria (Análise do envelhecimento da população agrícola e da produtividade agrícola entre os produtores de mandioca nas zonas rurais dos Estados de Ogun e Ekiti, Nigéria). Doutoramento. Universidade Federal de Agricultura, Abeokuta, Nigéria.

Badhaso, B., 2012. The Status of Indigenous Village Chicken Production and Marketing System in Ethiopia. Disponível em:.<file:///C:/Documents/Firefox/Desktop/OBJ%201/Status%20of%20Indigenous%20Village%20Chicken%20Production%20and%20poultry%20production%20in%20ethiopia%20- %20Engormix.com.htm>[Acedido em 01 de fevereiro de 2013].

Bagnol, B., 2001. O impacto social do controlo da doença de Newcastle. In: Alders, R.G. & Spradbrow,P.B. Controlling Newcastle Disease in Village Chickens: a field manual. Canberra. Centro Australiano para a Investigação Agrícola Internacional. Monografia

82. pp. 69-75.

Baiphethi, M.N. & Jacobs, P.T., 2009. The contribution of subsistence farming to food security in South Africa (A contribuição da agricultura de subsistência para a segurança alimentar na África do Sul), *Agrekon,* 48 (4), pp.459-482. Disponível em:

<>

http://ageconsearch.umn.edu/bitstream/58216/2/6.%20Baiphethi%20and%20Jacobs.pdf[Acedido em 20 de março de 2012]

Balch, P. A. & James, F., 2000. Prescription for Nutritional Healing, 3rded. Nova Iorque: Penguin Putnam Inc. p. 89.

Banerjee, A.K. & Sharma, R.K., 1998. Possibilidades de criação em condições climáticas adversas, com especial referência às condições indianas. Actas da X Conferência Europeia de Avicultura, Jerusalém, junho de 1998, 2, pp. 505-508

Bell, J.G. & Abdou, I., 1995. Dynamics of village chickens production in the Keita region of Niger (Dinâmica da produção de frangos de aldeia na região de Keita, Níger). *Nigerian Journal of Animal Production*, 22, pp. 141-144.

Bett, H.K., Bett, R.C., Peters, K. J., Kahi, A. K. & Bokelmann, W., 2012. Ligar a utilização e a conservação dos recursos genéticos avícolas indígenas às cadeias de valor. *Journal of Animal Production Advances* 2 (1), pp. 33-51.

B&MGF (Fundação Bill e Melinda Gate), 2011. Agricultura Desenvolvimento: Strategic Overview. Disponível em:<www.gatesfoundation.org/agriculturaldevelopment> [Acedido em: 18 de março de 2012]

Birthal, P. S., 2002. Technological Change in India's Livestock Sub-sector: Evidence and Issues, In: Technology Options for Sustainable Livestock Production in India. In: Birthal, P.S & Rao, P.P, (eds.). 2002. National Centre for Agricultural Economics and Policy Research, Nova Deli, International Crops Research Institute for the Semi-Arid Tropics, Patancheru, Andhra Pradesh, e International Livestock Research Institute, Addis Ababa. Disponível em:< http://www.icrisat.org/Text/pubs/digital pubs/J144 2002.pdf> [Acedido em 28 de julho de 2012]

Biswas, S., Sahu, N.C. & Sikdar, D.P., 2011. Productivity improvement of rural backyard poultry in Dakshin Dinajpur district of West Bengal - a review. Centro de Comunicação da Investigação Agrícola. *Agri. Reviews,* 32 (3): pp. 216-221 Disponível em: <www.arccjournals.com/indianjournals.com>[Acedido em 10 de outubro de 2012].

Blair, T., 2005. O nosso interesse comum: O Relatório da Comissão para África. Comunicado de imprensa da Comissão Económica das Nações Unidas para África. Disponível em:< http://www.commissionforafrica.info/2005-report> [Acedido em 18 de julho de 2011].

Bradley, F. A., 1992. Uma revisão histórica das contribuições das mulheres para a produção avícola e as implicações para o processo de desenvolvimento avícola. In: Actas do 19º Congresso Mundial de Avicultura, Amesterdão, Países Baixos. pp. 693-696.

Branckaert, R.D.S., Gaviria, L., Jallade, J. & Seiders, R.W., 2000. Transferência de tecnologia na produção de aves de capoeira para países em desenvolvimento. Departamento de Desenvolvimento

Sustentável da FAO (SD), Roma, Itália. Disponível em: <www.fao.org/sd/cddirect/cdre0054.htm> [Acedido em 21 de fevereiro de 2012].

Instituto Breckenridge, 2013 Organização Transformadora. O que é Transformação Organizacional? Disponível em:< http://www.breckenridgeinstitute.com> [Acedido em: 7 de outubro de 2011]

Burgos, S., Hong Hanh, P.T., Roland-Holst, D & Burgos, S.A., 2007. Characterization of Poultry Production Systems in Vietnam (Caracterização dos Sistemas de Produção Avícola no Vietname). Rede asiática de informação científica. Disponível em:<http://www.pjbs.org/ijps/fin953.pdf>[Acedido em 10 de outubro de 2012].

Business Dictionary.Com, 2011 Método Delphi. Disponível em:< www.businessdictionary.com> [Acedido em 05 de maio de 2012]

Butcher, G. D & Miles, R. D., 2012. Intestinal Parasites in Backyard Chicken Flocks (Parasitas intestinais em bandos de galinhas de quintal). Departamento de Agricultura dos EUA, Serviço de Extensão Cooperativa, Universidade da Flórida, IFAS, Programa de Extensão Cooperativa da Universidade A&M da Flórida. Disponível em:< http://edis.ifas.ufl.edu/pdffiles/VM/VM01500.pdf> [Acedido em 12 de maio de 2013]

Bwala, D.G., 2009. Estudos de desafio em galinhas para avaliar a eficácia das vacinas comerciais contra a doença de Newcastle contra as estirpes do vírus da doença de Newcastle prevalecentes na África do Sul desde 2002. Tese de Mestrado em Ciências; Universidade de Pretória. África do Sul.

Byerlee, D., de Janvry, A. & Sadoulet, E., 2009. Agriculture for Development: Towards a New Paradigm. Annual Review of Resource Economics. 1:15-31.

Caillods, F., 2003. Será que os Documentos de Estratégia de Redução da Pobreza vão à raiz dos problemas da EPT? Resultados de uma análise de 18 documentos efectuada pelo IIPE/DFID. In: Boletim Informativo do IIPE XXI (4) outubro-dezembro de 2003, IIPE-UNESCO, Paris.

Censo 2011 Statistics South Africa (Estatísticas da África do Sul). Disponível em:< http://www.statssa.gov.za/publications/publicationlist.asp> [Acedido em 18 de março de 2013]

Cerdan-Infantes, P., Maffioli, A. e Ubfal, D., 2009. Improving technology adoption in agriculture through extension services: evidence from Uruguay. Disponível em:< http://www.merit.unu.edu/MEIDE/papers/2009/1236024992_AM.pdf> [Acedido em: 30 de novembro de 2011]

Cervantes-Godoy, D. & Dewbre, J., 2010, Economic Importance of Agriculture for Poverty Reduction, OECD Food, Agriculture and Fisheries Working Papers, No. 23, OECD Publishing. Disponível em: <doi: 10.1787/5kmmv9s20944-en> [Acedido em 09 de fevereiro de 2013]

Chadwick, H., 2001. Investigação organizacional. Determinação da dimensão adequada da amostra.

*Information Technology and Performance Journal*, Vol. 19 (1), pp. 43-50

Chavis, D. M., Florin, P & Felix, M. R. J., 1992. Nurturing grassroots initiatives for community development: The role of enabling systems. Em Mizrahi, T e Morrison, J., eds. 1992.

Organização comunitária e administração social: Avanços, tendências e princípios emergentes. Binghamton, N. Y. Haworth Press.

Christiaensen, L., Demery, L & Kuhl, J., 2011. The (evolving) role of agriculture in poverty reduction- An empirical perspective. *Journal of Development Economics*, Elsevier, 96 (2). pp 239-254

Chrysostome, C., Riise, J.C. & Permin, A., 2002. Modelo de criação de aves de capoeira semi-colectoras - a experiência no Benim. Network for Smallholder Poultry Development. Segunda Conferência Eletrónica FAO/INFPD sobre Avicultura Familiar. Comunicações livres. Disponível em:< http://www.fao.org/ag/aga/AGAP/LPA/fampo1/econf/econf2/D13.htm > [Acedido em 23 de setembro de 2011]

Chulayo, A.Y., Muchenje, V., Mwale, M. & Masika, P.J., 2012. Efeitos de algumas plantas medicinais nas caraterísticas sensoriais do consumidor de carne de frango de aldeia. *Jornal Africano de Biotecnologia* Vol. 10 (5), 815-820. Disponível em:< http://www.academicjournals.org/AJB>[Acedido em 02 de outubro de 2013].

Cochran, G. 1977. Sampling techniques, Nova Iorque: Wiley and Sons

Cohen, L., 2008. Os dez piores sítios para ser criança. Sunday Times News, 2 de março p.9

Collier, P. & Dercon, S., 2009. A agricultura africana em 50 anos: Smallholders in a rapidly changing World? Documento apresentado na Reunião de Peritos da Organização para a Alimentação e Agricultura de 2009 sobre "How to Feed the World in 2050". Disponível em:< ftp://ftp.fao.org> [Acedido em: 24 de agosto de 2011]

CAADP (Programa Global para o Desenvolvimento da Agricultura em África), 2002. Nova Parceria para o Desenvolvimento de África, NEPAD, Departamento de Cooperação Técnica. Disponível em:< http://www.fao.org/docrep/005/y6831e/y6831e00.HTM> [Acedido em 18 de maio de 2012]

Conroy, C., Sparks, N., Chandrasekaran, D., Sharma, A., Shindey, D., Singh, L. R., Natarajan,A & Anitha, K., 2005. The significance of predation as a constraint in scavenging poultry systems: Some findings from India. *Livestock Research for Rural Development*, 17 (70). Disponível em: <http//www.cipav.org.co/lrrd/lrrd17/6/ conr17070.htm> [Acedido em 12 de julho de 2012]

Cooper, D.R & Schindler, P.S., 2003. Business Research Methods. 8ª ed., New York, McGraw- Hill. Nova Iorque, McGraw- Hill.

Copland, J.W. & Alders, R. G., 2009. The comparative advantages of village or smallholder poultry in rural development (As vantagens comparativas da avicultura de aldeia ou de pequenos produtores no desenvolvimento rural). Actas de uma conferência internacional realizada em Dar es Salaam, Tanzânia, 5-7 de outubro de 2005

Copland, J.W & Alders, R..G., 2005. Os programas australianos de desenvolvimento de aves de capoeira em aldeias na Ásia e em África. *World's Poultry Science Journal* 61, pp.31-37. Disponível em:

<*www.fao.org/ag/againfo/themes/es/infpd/documents/Copland.pdf*> [Acedido em 9 de janeiro de 2012]

DAFF (Departamento de Agricultura, Florestas e Pescas), 2008. A Estratégia Integrada de Segurança Alimentar para a África do Sul. Disponível em: <www.daff.gov.za> [Acedido em: 05 de setembro de 2011]

DAFF (Departamento de Agricultura, Florestas e Pescas), 2011. Quadro Nacional para o Plano de Recuperação da Extensão. DAFF, Pretória

Daniels, R., 2007. Skills shortages in South Africa: A literature Review. Documento de trabalho do DPRU n.º 07/121. Disponível em:< http://ssm.com/abstract=992111>[Acedido em 02 de fevereiro de 2013].

Danda, M. K., Mwamachi D. M, .Lewa, K. & Jefa, F. 2010. Characterization ofthe indigenous poultry sub-sector in the coastal lowlands of Kenya. Disponível em:< http://www.kari.org/conference/conference12/docs/Characterization%20of%20the%20indigeno us%20chicken%20subsector%20in%20the%20coastal%20lowlands%20of%20kenya.pdf> [Acedido em 02 de março de 2012]

David, K. 2008. Extensão na África subsaariana: Visão geral e avaliação dos modelos passados e actuais, e perspectivas futuras. *Journal of International Agricultural and Extension Education* 15(3), pp. 15-28.

DoA (Departamento de Agricultura). 2005. Estratégia Nacional de Educação e Formação para a Agricultura e o Desenvolvimento Rural na África do Sul.

De Vos, A., Buyens, D. & Schalk, R., 2003. Desenvolvimento do contrato psicológico durante a socialização organizacional: Adaptação à realidade e o papel da reciprocidade. *Journal of Organizational Behaviour*, 24(5), pp. 537-599.

De Silva, S.S., Phillips, M.J, Sih, Y.S. & Zhou, X.W., 2001. Human resources development for sustainable aquaculture in the new millennium, Plenary Lecture IV. In: R.P. Subasinghe, P. Bueno, M.J. Phillips, C. Hough, S.E. McGladdery & J.R. Arthur, eds. 2000. Aquaculture in the Third Millennium. Actas Técnicas da Conferência sobre Aquacultura no Terceiro Milénio, Banguecoque, Tailândia, 20-25 Fev. pp. 43-48. 43-48. NACA, Banguecoque e FAO, Roma.

Dessie, T. & Ogle, B., 2001. Village chickens production system in the Central Highlands of Ethiopia (Sistema de produção de frangos de aldeia no Planalto Central da Etiópia). Tropical Animal Health and Production, 33, pp. 521-537

DeWalt, B.R., 1994. Utilizar os conhecimentos indígenas para melhorar a agricultura e a gestão dos recursos naturais. Organização Humana 53, pp. 123-131

DFID (Departamento para o Desenvolvimento Internacional), 2004. Agriculture, Growth and Poverty Reduction (Agricultura, Crescimento e Redução da Pobreza). Disponível em:< http://www.dfid.gov.uk/Documents/publications/agri-poverty-reduction.pdf> [Acedido em 12 de maio de 2012]

DGIS-Wageningen, 2013 Globalização e desenvolvimento rural sustentável. Disponível em:< http://www.wageningenur.nl/upload mm/0/0/7/f6902bcb-6415-41bc-b2eb- c0b3dd33b183 dgiswurfinalfulltext.pdf> [Acedido em 12 de maio de 2013]

Diao, X., Hazell, P., Resnick, D. & Thurlow, J., 2007. The role of agriculture in development; Implications for sub- Saharan Africa. Relatório de Investigação 153. International Food Policy Research Institute (IFPRI); 2033 K Street, NW, Washington, D.C. 20006-1002, U.S.A. p. 74 Disponível em: http://www.ifpri.org/pubs/abstract/rr153.asp. [Acedido em: 05 de novembro de 2011]

Dolberg, F. & Petersen P. H., 2000. Poultry as a tool in Poverty eradication and promotion of gender equality (A avicultura como instrumento de erradicação da pobreza e promoção da igualdade entre os sexos). Actas de um seminário, 22-26 de março de 1999, Tune Landboskole, Dinamarca

Dolberg, F., Mallorie, E. & Brett, N., 2002. Evolution of the Poultry Model - a Pathway out of Poverty (Evolução do modelo avícola - um caminho para sair da pobreza). Documento a ser apresentado no seminário "People Fight Poverty with Poultry. Learning from the Bangladesh Experience", Bangladesh, 20-24 de outubro de 2002. O seminário é organizado pela International Network for Family Poultry Development (Rede Internacional para o Desenvolvimento da Avicultura Familiar). Available at:< http://www.ifad.org/294C626A-6795-459D-96A9-F1BFAF009DF0/FinalDownload/DownloadId-6953BF7967451EFD942ABC81F9EAA809/294C626A-6795-459D-96A9-F1BFAF009DF0/english/operations/pi/bgd/documents/poultry.pdf> [Acedido em 25 de dezembro de 2011]

Dolberg, F., 2003. Review of household poultry production as a tool in poverty reduction with focus on Bangladesh and India. FAO Pro-Poor Livestock Policy Initiative Working Paper No. 6, pp 34.

Disponível em:<
http://ageconsearch.umn.edu/bitstream/23762Z1/wp030006.pdf>
[Acedido em 06 de março de 2012].

Dolberg, F., 2004. Review of household poultry production as a tool in poverty reduction with focus on Bangladesh and India. Em: Ahuja, V., eds. Livestock and Livelihoods: Challenges and Opportunities for Asia in the Emerging Market Environment. National Dairy Development Board, Índia e Pro-Poor Livestock Policy Facility (South Asia Hub) da FAO

Dold, A.P. & Cocks, M.L. 2001. Medicina veterinária tradicional no Distrito de Alice da Província do Cabo Oriental, África do Sul. *South African Journal of Science*. 97, pp. 375-379

Dossa, H., Birner, R., & Wollny, C., 2003. Pequenos ruminantes e meios de subsistência das populações rurais pobres no Sul do Benim. In: Deutscher Tropentag. Gottingen, Alemanha

Dube, S., Zindi, P., Mbanga, J. & Dube, C., 2010. Study of Scavenging Poultry Gastrointestinal and Ecto-parasites in Rural Areas of Matebeleland Province, Zimbabwe. *Jornal Internacional de Ciência Avícola* 9 (9), pp. 911-915.

Duvel, G.H., 2004. Desenvolvimento de uma abordagem de extensão apropriada para a África do Sul: Process and Outcome. Introdução, Strategies for successful extension and development: Expectativas, possibilidades e experiência. Actas da 38ª Conferência. Pine Lodge, Elizabeth, Sociedade Sul-africana de Extensão Agrícola. 3-6 de maio, 2004

du Toit, A & Neves, D., 2006. Vulnerabilidade e proteção social nas margens da economia formal: Case studies from Khayelitsha and the

Eastern Cape. USAID, Centro de Investigação da Pobreza Crónica Centro e PLAAS. Disponível em: <http://www.chronicpoverty.org/uploads/publication files/PLAAS%20Neves%20de%20Toit.pdf> [Acedido em 23 de julho de 2012]

Dyubele N.L., Muchenje, V., Nkukwana, T.T, & Chimonyo, M., 2010. Consumer sensory characteristics of broiler and indigenous poultry meat: Um exemplo sul-africano, Food Quality and Preference, 21(7), pp.815-819. Disponível em: <http://www.sciencedirect.com/science/article/pii/S0950329310000662>[Acedido em 25 de março de 2012].

ECOSOC (Conselho Económico e Social das Nações Unidas) 2013. Gabinete das Nações Unidas para a Coordenação de Apoio ao ECOSOC Desenvolvimento de Recursos Humanos. Disponível em:< http://www.un.org/en/development/desa/oesc/humanresources.shtml> [Acedido em 23 de maio de 2012]

ECP (Província do Cabo Oriental). 2009. Eastern Cape rural development and aqrarian reform. Disponível em:< http://www.innovationeasterncape.co.za> [Disponível em 27 de maio de 2012]

ECSECC (Conselho Consultivo Socioeconómico do Cabo Oriental), 2012. Relatório Anual, 2012 East London, Vincent.

ECSECC (Conselho Consultivo Socioeconómico do Cabo Oriental), 2009. Relatório Anual, 2009. East London, Vincent.

ECSECC (Conselho Consultivo Socioeconómico do Cabo Oriental), 2010. Relatório Anual, 2010 East London, Vincent.

ECSECC (Conselho Consultivo Socioeconómico do Cabo Oriental), 2013. Relatório Anual, 2013 East London, Vincent.

ECGDP (Plano Provincial de Crescimento e Desenvolvimento do Cabo Oriental), 2004. Plano Provincial de Crescimento e Desenvolvimento Provincial 2004-2014. Disponível em: <http://www.innovationeasterncape.co.za/download/ec_growth_dev_plan_2004_2014.pdf> [Disponível em 27 de maio de 2012]

Echebiri, N. 2005. Characteristics and determinants of urban youth unemployment in Umuahia, Niqeria. Documento apresentado na Conferência do Banco Mundial sobre o crescimento das acções em África, realizada em Accra, no Gana.

Eneh, O.C., 2011. Cripplinq poverty amidst corporate social actions: a critique of peripheral corporate community involvement in the Niqer Delta reqion of Niqeria. *Jornal Asiático de Desenvolvimento Rural* 1(1):1-20

Eskola, T. & Gasperine, L., 2010. Investing in Skills for Socio-economic Empowerment of Rural Women (Investir em Competências para o Empoderamento Socioeconómico das Mulheres Rurais). Gender and Rural Employment Policy Brief #2. Disponível em:< http√/www.ifad.org> [Acedido em 28 de fevereiro de 2011]

Farooq, M., Shakir, M. K., Mian, M. A., Mussawar, S., Durrani, F. R & Cheema, A. 2004. Status of backyard chicken created by women in Chitral, Pakistan. *Pakistan Veterinary Journal*. 24 (2). pp. 58-61

Feder, G., Willett, A & Zijp, W., 2001. Extensão agrícola: Desafios genéricos e orientações para a solução. In: Wolf, S & Zilberman, D, eds. Knowledge generation and technical change: Institutional innovations in agriculture, Boston: Kluwer, pp 313-356.

Fentie T, Abebe, B. & Kassa, T., 2013. Produção familiar de aves de capoeira em pequena escala no norte de Gondar: caraterísticas, produtividade e constrangimentos. *Investigação Pecuária para o Desenvolvimento Rural. Volume 25, Artigo #161.* Disponível em < http://www.lrrd.org/lrrd25/9/fent25161.htm> [Acedido em 13 de março de 2013]

Fernandez-Baca, E. 1994. O papel das mulheres na produção pecuária no Vale do Mantaro (Peru). Indigenous Knowledge Monitor. Edição especial 2(3). Disponível em:< http://www.nuffic.nl/ciran/ikdm/2-3/contents.html> [Acedido em 12 de julho de 2012]

Fermet-Quinet, E., 2005. Trinta anos de luta contra a doença de Newcastle em aves de capoeira rurais na África Ocidental. Em Alders, R.G., Spradbrow, P.B & Young, M.P, eds. 2005. International conference on village chicken research and development with a special emphasis on the sustainable control of Newcastle disease, Dar es Salaam, Tanzania. 5-7 de outubro de 2005. Camberra, Centro Australiano para a Investigação Agrícola Internacional/ Agência Australiana para o Desenvolvimento Internacional

Ferraria, F. H. G. 2011. A pobreza é multidimensional. Mas o que é que vamos fazer em relação a ela? The Journal of Economic Inequality. DOI 10.1007/s10888-011-9202-3. Disponível em:< http://siteresources.worldbank.org/DEC/Resources/Multidimensional

Poverty JoEl.pdf> [Acedido em 12 de maio de 2012]

Field, A.P., 2009. Discovering statistics using SPSS, 3rd ed., Londres. SAGE Publications Limited, Londres.

FAO (Organização das Nações Unidas para a Alimentação e a Agricultura), 2009. The State of Agricultural Commodity Markets (O Estado dos Mercados de Produtos Agrícolas). Roma, Itália: Organização das Nações Unidas para a Alimentação e a Agricultura, Base de dados estatísticos, FAO, Roma (1998).

FAO (Organização das Nações Unidas para a Alimentação e a Agricultura), 2003. Livestock development for food security. Food security through sustainable crop Production and livestock development, por O. Thieme. Relatório técnico final sobre as actividades de produção de forragem para o gado no Afeganistão. Rome.

FAO (Organização das Nações Unidas para a Alimentação e a Agricultura), 2010. Smallholder poultry production - livelihoods, food security and socio-cultural significance, por K. N. Kruger, K. A. Thomsen, M. A. Whyte e M. Dissing. FAO Smallholder Poultry Production Paper No. 4. Roma.

FARA (Fórum para a Investigação Agrícola em África), 2007. Os desafios da investigação e desenvolvimento agrícola. In: Williams B et al., Extension and small holder agriculture: Key issues from a review of the literature. Phuhlisani. Disponível em< http://e-fara.org/about-us/background> [Acedido em: 13 de junho de 2011]

FHISER (Instituto Fort Hare de Investigação Social e Económica), 2010. Pobreza, Grupos Vulneráveis e Prestação de Serviços Básicos Universidade de Fort Hare Campus de East London 4 Hill Street East

London

Florence, M.D., Asbridge, M. & Veugelers, P.J., 2008. Qualidade da dieta e desempenho académico. *Journal of School Health*. 78(4), pp. 209-215.

Fluitman, F. 2005. Redução da pobreza, trabalho digno e as competências necessárias. *In:* Beveridge, M. *et al.*, eds. Reintegrating education and skills and work in Africa. Edimburgo, Reino Unido: Centro de Estudos Africanos.

GCIS (Sistema de Comunicação e Informação do Governo), 2010. Anuário da África do Sul 2009/10" Agricultura, silvicultura e pescas. Pretória: GCIS.

Gichohi, C.M. & Maina, J.G., 1992. Poultry production and marketing, Ministério da Produção Pecuária. Documento apresentado em Nairobi-Quénia, 23-27 de novembro.

Glendenning, C.J., Babu, S & Asenso-Okyere, K., 2010. Review of agricultural extension in India: Are farmers' information needs being met?, 35. Disponível em:< http://www.ifpri.org> [Acedido em 13 de junho de 2011]

Gondwe, T.N.P., 2004. Caracterização das galinhas locais em sistemas de produção de baixo input e baixo output: há margem para estratégias adequadas de produção e criação no Malawi? Tese de doutoramento; Georg-August-Universitat Gottingen, Alemanha.

Gooderham, P.N & Lund, J., 1992. Adaptação Organizacional e o Papel da Formação. In: Lopokoiyit, M.C., Onyango, C., Kibett, J.K. & Langat, B.K., 2013. Desenvolvimento de Recursos Humanos em Extensão Agrícola e Serviços de Aconselhamento no Quénia.

*Revista Internacional de Agricultura e Ciências Afins* 2(4), pp. 83-90.

Goromela, E.H., Kwakel, R.P., Verstegen, M.A.A. & Katule, A.M., 2008. Effect of season and farming system on the quantity and nutritional quality of scavenge-able feed resources on performance of villages poultry in central Tanzania. *Journal of Cell and Animal Biology* 2(3), 063 - 071 Disponível em:< http://www.acaemicjournals.org/JCAB>[Acedido em 03 de setembro de 2012].

Grewal B., Grunfeld H. & Sheehan, P., 2012. A contribuição do crescimento agrícola para a redução da pobreza. Relatório da série de avaliação de impacto do ACIAR n.º 76. Centro Australiano para a Investigação Agrícola Internacional: Camberra. p.59

Grobbelaar, J.A.N., Sutherland, B & Molalakgotla, N, M., 2009 Potencial de produção de ovos de certas raças de galinhas autóctones da África do Sul. *Animal Genetic Resources*, 2010, 46, 2532. Organização das Nações Unidas para a Alimentação e a Agricultura, 2010 doi:10.1017/S2078633610000664

Gueye E.F., 2009. O papel das redes na disseminação de informações para avicultores familiares. Associação Mundial de Ciência Avícola. *World's Poultry Science Journal*, 65, pp. 115-124. Disponível em:<http://www.fao-ectad borone.org/en/IMG/pdf/Small Scale Family Poultry Production-2.pdf> [Acedido em 02 de março de 2011].

Gueye, E. F., 2000. The role of family poultry in poverty alleviation, food security and the promotion of gender equality in rural Africa.

*Outlook on Agriculture*. 29 (2), pp. 129 - 136.

Gueye, E.F., 2002. Geração de emprego e rendimento através da avicultura familiar em países de baixo rendimento e com défice alimentar. *World's Poultry Science Journal* 58, pp. 541-557

Gueye, E.F., 2005. Aspectos de género nos sistemas de gestão de aves de capoeira familiares nos países em desenvolvimento. *World's Poultry Science Journal* 61 (1), pp. 39-46

Hagel, J. & Brown, J. S., 2005. From push to pull: Modelos emergentes para a mobilização de recursos. Disponível em:< http://www.johnhagel.com/paper pushpull.pdf> [Acedido em 12 de maio de 2012]

Haggblade, S., Hazell, P., & Reardon, T., eds. 2007. Transforming the Rural Nonfarm Economy-Opportunities and Threats in the Developing World [Transformando a Economia Rural Não Agrícola - Oportunidades e Ameaças no Mundo em Desenvolvimento]. Johns Hopkins University Press, Baltimore

Halima, H., Neser, F.W.C., Van Marle-Koster, E. & De Kock, A., 2007. Village-based indigenous poultry production system in north-west Ethiopia. *Tropical Animal Health Production.* 39, pp. 189-197

Hanna, D., 2000. A organização como um sistema aberto. In: Thien, L. M. & Nordin, A.R., 2012. A proposed framework of school organization from open system and multilevel organization theories. *Revista Mundial de Ciências Aplicadas* 20(6), pp. 889-899.

Hanson, E. M., eds. 1996. Educational administration and organizational behavior. United States: Allyn and Bacon

RDH (Relatório sobre o Desenvolvimento Humano), 2013. The Rise of the South: Progresso Humano num Mundo Diverso. Programa das

Nações Unidas para o Desenvolvimento. PNUD. Disponível em:< http://hdr.undp.org/sites/default/files/reports/14/hdr2013 en complete.pdf> [Acedido em 16 de outubro de 2013]

Huchzermeyer, F.W., 1973. Galinhas híbridas de criação livre em condições tribais africanas. Rhodesian Agricultural Journal. 70, pp. 73-75. In: Kitalyi, A.J., 1998. Village chicken production systems in rural Africa: Household food security and gender issues. FAO Animal Production and Health paper 142.

Huque, Q. M. E., 1996. Melhoria das competências dos pequenos agricultores na gestão das aves de capoeira. Actas do XX Congresso Mundial de Avicultura, 2-5 de setembro, Nova Deli, 1: 47-60. Em: Mandal, M. K, Khandekar, N & Khandekar, P., 2006. An experimental study on model for sustainable rural poultry farming. *Livestock Research for Rural Development* 18 (5)

FIDA (Fundo Internacional para o Desenvolvimento Agrícola), 2000. Cálculo da dimensão da amostra. Disponível em:< http://www.ifad.org/gender/tools/hfs/anthropometry/ant 3.htm> [Acedido em 12 de julho de 2011]

OIT (Organização Internacional do do Trabalho Organização Internacional do Trabalho) 2003, Trabalhar para sair da pobreza. Organização Internacional do Internacional do Trabalho

Conferência 91ª Sessão. OIT, Genebra. Disponível em

<> http://www.ilo.org/public/enqlish/standards/relm/ilc/ilc91/pdf/rep-i-a.pdfS[Acedido em 01 de fevereiro de 2013].

Iqbaluddin, 1998. Poultry production through rural development.

Actas científicas da segunda Conferência Veterinária Pan Commonwealth, Volume 1, Bangalore In: Mandal, M. K, Khandekar, N e Khandekar, P., 2006. An experimental study on model for sustainable rural poultry farming. *Livestock Research for Rural Development* 18 (5). Disponível em: < http://www.lrrd.org/lrrd18/5/mand18067.htm> [Acedido em 12 de maio de 2011].

IRPC (International Rural Poultry Centre), 2005. Primeiro relatório intercalar de actividades para a FAO. Melhoria da produção de galinhas de aldeia por agricultores juniores e pessoas que vivem com HIV/SIDA. Componente do OSRO/RAF/403/SAF. Províncias de Manica e Sofala, Moçambique. IRPC, Fundação KYEEMA: Brisbane, Austrália.

Islam, S.M.F & Jabbar, M.A., 2005. Smallholder poultry model for poverty alleviation in Bangladesh: a review of evidence on impact. Livestock Research for Rural Development, 17 (10). Disponível em:< http://hdl.handle.net/10568/712>. [Acedido em 18 de julho de 2011].

Ismail, G & Suffla, S., 2013 Importância da Nutrição. Disponível em:

<http://uir.unisa.ac.za/bitstream/handle/10500/8850/Child%20Malnutrition Information%20Shee t.pdf.txt?sequence=3> [Acedido em 13 de junho de 2013]

Jacobs, P & Hart, T., 2012. Desenvolvimento de competências nas zonas rurais: A brief review of evidence. Documento concetual RIAT n.º 1, HSRC-EPD. Disponível em:< http://www.hsrc.ac.za/uploads/pageContent/3657/Rural%20Skills%20DevelopmentCP.pdf> [Acedido em 09 de março de 2014]

Jens, C. R, Anders P, Charlotte V, Ainsh, M. C & Lone, F., 2004. Keeping Village Poultry. Um manual técnico para a produção avícola em pequena escala. Copenhaga, Dinamarca.

Jensen, H. A & Dolberg, F., 2003. A concetual framework for using poultry as a tool in poverty alleviation. *Livestock Research for Rural Development* 15 (5), pp.76-73

John, P. B., 1995. Chickens: Melhorar a produção em pequena escala. Nota técnica da Echo. Echo, 17391 Durrance road, North Ft. Myers Florida 33917, EUA.

Joseph, B. & Justin Raj, S., 2010. Propriedades farmacognósticas e fitoquímicas de Aloe vera Linn. - Uma visão geral. *Jornal Internacional de Ciências Farmacêuticas. Revisão e Res.* 2, pp. 106-110.

Julian, R. J., 1992. Criação de aves de capoeira. Fundação do XXIII Congresso Veterinário Mundial. Montreal. Quebec, Canadá. pp. 1-40

Kaiser, A.P. & Hancock, T.B., 2003. Ensinar aos pais novas competências para apoiar o desenvolvimento dos seus filhos pequenos. *Bebés e Crianças Pequenas*. 16 (1), pp. 9-21

Karroubi, M & Matani, M, 2009. Empowering human resources through in-service training, *French Journal of Management*, 3 (9), pp. 7-30.

Kelly, P.J., D. Chitauro, C. Rohde, J. Rukwava, A. Majok & F. Davelaar, 1994. Diseases and management of backyard chicken flocks in Chitungwiza, Zimbabwe. Avian Dis, 38: 626-629.

Keramidou, I & Mimis, A., 2011.An application of the double-bootstrap data envelopment analysis to investigate sources of efficiency in the

Greek poultry sector. World's Poultry Science Journal, 67 (4), pp. 675-686.

Khalafalla, A, I., Awad, S. & Hass, W., 2001. Village chickens production in the Sudan (Produção de frangos de aldeia no Sudão). Department of Microbiology, Faculty of Veterinary Science, University of Khartoum, Khartoum North, Sudan.

Khanmohammadi A., 2010. A investigação do efeito da formação em serviço no desempenho organizacional com base nos objectivos individuais, de grupo e organizacionais do pessoal, Management Journal, 4 (7), pp. 56-60.

Khosa, T.B., 2003. Avaliação na fazenda do sistema de microirrigação por tambor e gotejamento para a produção de vegetais em hortas caseiras. Dissertação de Mestrado. (Agric.) dissertação, Technikon Pretoria, Pretoria. In: Wenhold, F.A.M et al. 2007. Ligar a agricultura de pequenos agricultores e a água à segurança alimentar e à nutrição das famílias. Water SA Vol. 33 (3) Disponível em:<http://www.wrc.org.za> [Acedido em 22 de agosto de 2012].

Kingori, A.M., Wachira A.M. & Tuitoek, J.K., 2010. Indigenous poultry Production in Kenya: A Review *International Journal of Poultry Science* 9 (4), pp. 309-316

Kitalyi, A.J., 1998. Village chicken production systems in rural Africa, Household food security and gender issue. FAO Animal Production and Health Paper No. 142. Organização das Nações Unidas para a Alimentação e a Agricultura, Roma, Itália, pp: 81. Disponível em:< http://www.fao.org/docrep/003/w8989e/W8989E00.htm#TOC>[Acedido em 22 de agosto de 2012].

Kondombo, S.R., Nianogo A.J., Kwakkel, R.P., Udo, H.M. &

Slingerland, M., 2003. Análise comparativa da produção de galinhas de aldeia em dois sistemas de criação no Burkina Faso. *Tropical Animal Health and Production,* 35, pp. 563- 574.

Kraay, A., 2006. Quando é que o crescimento é favorável aos pobres? Evidência de um painel de países. *Journal of Development Economics* 80, pp. 198-227

Kugonza, D. R., Kyarisiima, C. C. & Lisa, A., 2008. Bandos de aves de capoeira indígenas do Leste do Uganda: I. Produtividade, gestão e estratégias para um melhor desempenho. *Livestock Research for Rural Development.* 20, p. 137. Disponível em:< http://www.lrrd.org/lrrd20/9/kugo20137.htm> [Acedido em 01 de julho de 2013].

Kuit, H.G., Traore, A. & Wilson, R.T., 1986. Livestock production in Central Mali: Ownership, management and productivity of poultry in traditional sector, *Tropical Animal Health Production.18*, pp. 222-231

Kusina, J. F. & Kusina. N. T., 1999. Estudo de viabilidade das actividades agrícolas e domésticas relacionadas com a produção de gado no Distrito de Guruve da Província Central de Mashonaland, com ênfase na produção de galinhas de aldeia. Relatório preparado para o Programa de Apoio à Agricultura Familiar, Harare, Zimbabué. p. 129

Kyvsgaard, N., 2007. Revisão da produção avícola em pequena escala na América Latina. Projeto de documento. In: FAO.2010. Smallholder poultry production - livelihoods, food security and socio-cultural significance, por K. N. Kryger, K. A. Thomsen, M. A. Whyte & M. Dissing. FAO Smallholder Poultry Production Paper No. 4. Roma

LCS (Inquérito às Condições de Vida), 2008/2009. Condições de

Vida dos Agregados Familiares em SADisponível em:< http://www.statssa.gov.za/publications/P0310/P03102008.pdf> [Acedido em 30 de março de 2012]

Liu, L., Johnson, H.L., Cousens, S., Perin, J., Scott, S., Lawn, J. E., Rudan, I., Campbell, H., Cibulskis, R., Li, M., Mathers, C. & Black, R. E., 2012. Causas globais, regionais e nacionais da mortalidade infantil: Uma análise sistemática actualizada para 2010 com tendências temporais desde 2000. *Lancet,* 379(9832), pp. 2151-2161.

Lopokoiyit, M.C., Onyango, C., Kibett, J.K. & Langat, B.K., 2013. Desenvolvimento de recursos humanos em extensão agrícola e serviços de consultoria no Quénia. *Revista Internacional de Agricultura e Ciências Afins* 2(4), pp. 83-90.

Lunenburg, F. C., 2010. As escolas como sistemas abertos. *Schooling* Vol. 1(1) Disponível em:< http://www.nationalforum.com/Electronic%20Journal%20Volumes/Lunnunburg,%20Fred%20C. %20Schools%20as%20Open%20Systems%20Schooling%20V1%20N1%202010.pdf> [Acedido em 12 de maio de 2012]

Machethe, C., 2004. Agricultura e pobreza na África do Sul: Pode a agricultura reduzir a pobreza? Documento apresentado na Conferência sobre Superação do Subdesenvolvimento, Pretória, 28-29 de outubro In: Williams, B., Mayson, D., Satge, R., Epstein, S. & Semwayo, T., 2008. Extension and small holder agriculture: Key issues from a review of the literature. Phuhlisani, pp. 1-28. Available at:< http://www.phuhlisani.com/294C626A-6795-459D-96A9 F1BFAF009DF0/FinalDownload/DownloadId-

1E302AE1ADFA71F64E6BE5F6290F8535/294C626A-6795-459D-96A9-

F1BFAF009DF0/oid%5Cdownloads%5CPhuhlisani%20extension%20reviewD1.pdf> [Acedido em 08 de junho de 2011]

Machethe, C. L. & Mollel, N. M., 2000. Extension and Support Services for Smallholder Agricultural Development in South Africa: Quem é o Pequeno Agricultor? In: Cousins, B. ed. At the crossroads: Land and agrarian reform in South Africa into the 21st century. Cidade do Cabo: Programa de Estudos sobre a Terra e a Reforma Agrária (PLAAS), Escola de Governo da Universidade do Cabo Ocidental e Comité Nacional da Terra, pp. 340-348.

Maclellan, D, Taylor J. & Wood K., 2008. Consumo de alimentos e desempenho académico dos adolescentes. *Canadian Journal of Dietary Practice Research*. 69(3): pp. 141-144.

Maertens, M. & Swinnen, J., 2009. Trade, standards, and poverty-evidence from Senegal. *World Development*. 37 (1), pp. 161-178.

Magothe, T.M., Okeno, T.O., Muhuyi, W. B & Kahi, A. K., 2012. Produção indígena de frangos no Quénia: I. Situação atual. Produção familiar de aves de capoeira em pequena escala. Doi: 10.1017/S0043933912000128. Disponível em: <http://journals.cambridge.org/download.php?file=%2FWPS%2FWPS68 01%2FS0043933912000128a.pdf&code=a4fc4c339ff2ffdab5d589f01343f27c> [Acedido em 12 de maio de 2013]

Maqubane, B. M., 1979. The Political economy of Race and Class in

South Africa. Londres: Monthly Review Press.

Mallia, J.G., 1999. Observações sobre unidades avícolas familiares em partes da América Central e oportunidades de desenvolvimento sustentável. Livestock Research for Rural Development, 11 (3) Disponível em< http://www.cipav.orq.co/index.php?option=com wrapper&Itemid=64> In: FAO. 2010. Smallholder poultry production - livelihoods, food security and socio-cultural siqnificance, por K. N. Kryqer, K. A. Thomsen, M. A. Whyte & M. Dissinq. FAO Smallholder Poultry Production Paper No. 4. Roma.

Mandal, M. K., Khandekar, N., Sinqh, D. P & Khandekar, P., 2005. Model for sustainable rural poultry farminq; *Environment and Ecology*. 23(4), pp. 876-879.

Mapiye, C., Mwale, M., Mupanqwa, J.F., Chimonyo, M. Foti, R & Mutenje, M. J., 2008. A Research Review of Villaqe Chicken Production Constraints and Opportunities in Zimbabwe. *Jornal Asiático-Australiano de Ciência Animal* 21(11), pp. 1680 - 1688

Mapiye, C. & Sibanda, S., 2005. Constrangimentos e oportunidades dos sistemas de produção de galinhas villaqe no sector dos pequenos agricultores dos distritos de Rushinqa, no Zimbabué. Livestock Research for Rural Development, 17, p. 10. Disponível em:< http://www.cipav.orq.co/lrrd/lrrd17/10/mapi17115.htm>. [Acedido em 03 de agosto de 2012].

Matekaire, T. & Bwakura, T.M., 2004. Medicina etno-veterinária: A potential alternative to orthodox animal health delivery in Zimbabwe. *Revista Internacional de Investigação Aplicada à Medicina Veterinária*, 2(4), pp. 269-273

Matthewman, R.W., 1977. A survey of small livestock production at the villaqe level in the derived Savanna and Lowland forest zones of South West Niqeria, Department of Aqriculture and Horticulture, University of Readinq. 24, pp. 40-41

McCarthy, M., O'reilly, S., Cotter, L. & De Boer, M., 2004. Factors influencinq consumption of pork and poultry in the Irish market (Factores que influenciam o consumo de carne de porco e de aves no mercado irlandês), *Appetite*. 43 (1), pp. 19-28.

McConnachie, M.M. & Shackleton, C. M., 2010. Public green space inequality in small towns in South Africa, Habitat International, 34 (2). pp 244-248. Disponível em

em:<http://www.sciencedirect.com/science/article/pii/S0197397509000769>[Avaliado em 06 de junho de 2013].

McElwee Gerard, 2005. Desenvolvimento das competências empresariais dos agricultores. Universidade de Lincoln, EU- EsoF, Contrato nº SSPE-CT-2005- 006500, junho de 2005. In: Khan et al, 2011. Entrepreneurship Development: One of the Ways of Rural Development through Rural Human Resource Development (A Review). *Revista Internacional de Ciências Empresariais e Comportamentais* 2 (8), pp. 232-247

Relatório sobre os ODM (Objectivos de Desenvolvimento do Milénio), 2013. Avaliação dos progressos em África no sentido dos Objectivos de Desenvolvimento do Milénio. Segurança alimentar em África: questões, desafios e lições. Disponível

em:

<http://www.afdb.org/fileadmin/uploads/afdb/Documents/Publication

s/Millennium%20Developm
ent%20Goals%20(MDGs)%20Report%202013.pdf> [Acedido em 30 de outubro de 2013]

Merriam, S., 1988. Investigação de estudo de caso no ensino superior: Uma abordagem qualitativa. São Francisco: Jossey Bass

Meyer, N. G; Breitenbach, M. C; Fenyes, T. I & Jooste, A., 2009. The Economic Rationale for Agricultural Regeneration and Rural Infrastructure Investment in South Africa, Working Papers200910, Universidade de Pretória, Departamento de Economia. Disponível em: < http://ideas.repec.org/p/rza/wpaper/117.html > [Acedido em 16 de maio de 2012]

Miao, Z. H., Glatz, P. C. & Ru, Y. J., 2005. Produção de aves de capoeira criadas ao ar livre - Uma revisão. *Asian- Australian Journal Animal Science.* 18(1), pp. 113-132.

Millar J, & Connell, J. 2010. Strategies for scaling out impacts from agricultural systems change: the case of forages and livestock production in Laos. *Agriculture and Human Values*.27 (2), pp. 213-225. Disponível em:< http://www.springerlink.com/content/9t63gt7u82kq1764> [Acedido em 27 de fevereiro de 2012].

Minh, D.V., 2005. Effect of Supplementation, Breed, Season and Location on feed intake and Performance of Scavenging Chickens in Vietnam. Tese de doutoramento; Universidade Sueca de Ciências Agrícolas. In: Petrus, N.P., 2011. Caracterização e desempenho produtivo de aves de capoeira indígenas nas regiões do norte da Namíbia. Tese de doutoramento. Universidade da Namíbia.

MintenB.& BarrettC. B. 2008. Agricultural Technology, Productivity and Poverty in Madagascar (Tecnologia Agrícola, Produtividade e Pobreza em Madagáscar). *World Development.* 2008; 36, *pp.* 797-822.

Mlozi, M.R.S., Kakengi, A.V.M., Minga, U.M., Mtambo, A.M., & Olsen, J.E., 2003. Marketing of free range local chicken in Morogoro and Kilosa urban markets, Tanzania. *Livestock Research for Rural Development* 15, p. 2.

Moges, T., Mellesse, A. & Dessie, T., 2010. Avaliação do sistema de produção de frangos de aldeia e avaliação do desempenho produtivo e reprodutivo do ecótipo de frango local no distrito de Bure, Noroeste da Etiópia. *Jornal Africano de Investigação Agrícola* 5(13), pp. 1739-1748.

Moges, F., Tegegne, A. & Dessie, T., 2010. Sistemas autóctones de produção e comercialização de frangos na Etiópia: Caraterísticas e oportunidades para um desenvolvimento orientado para o mercado. IPMS (Improving Productivity and Market Success) of Ethiopian Farmers Project Working Paper 24. Nairobi, Quénia, ILRI.

Mopate, L.Y. & Lony, M., 1999. Survey on family chicken farms in the rural areas of N'Djamena, Chad. *Livestock Research for Rural Development,* 11 (2) Disponível em:

<> http://www.cipav.org.co/cipav/pubs/index.htm[Acedido em 03 de março de 2012].

Moreki, J. C., 2012. Utilização da medicina etno-veterinária na gestão da saúde das aves domésticas no Botsuana: uma revisão. *Jornal de*

*Avanços Veterinários*. 2(6), pp. 254-260.

Moreki, J.C., 2006. Family Poultry Production (Produção Avícola Familiar). Poultry Today.

Morrison, P. S., Murray, W. E. & Ngidang, D., 2006. Promover o empreendedorismo indígena através da agricultura de contacto em pequena escala: The poultry sector in Sarawak Malaysia. *Jornal de Geografia Tropical de Singapura*. 27 (2), pp. 191-206

Moyo S., 2009. Alternative Practices Used By Resource-Limited Farmers to Control Fleas in Free-Range Chickens in the Eastern Cape Province, South Africa (Práticas alternativas usadas por agricultores com recursos limitados para controlar pulgas em galinhas criadas ao ar livre na província do Cabo Oriental, África do Sul). Dissertação de Mestrado. Universidade de Fort Hare Alice Campus, ECP, África do Sul.

Morgan, G & Smircich, L., 1990. The case for qualitative research. Academia de Gestão
Revista. Vol 5 (4), pp. 491-500

Mtileni, B.J., Muchadeyi, F.C., Maiwashe, A., Phitsane, P.M., Halimani, T.E., Chimonyo, M. & Dzama, K., 2009. Caracterização dos sistemas de produção de recursos genéticos avícolas autóctones da África do Sul. *Applied Animal Husbandry Rural Development*. 2, pp.18-22: Disponível em

em: <http://www.sasas.co.za/sites/sasas.co.za/files/Mtileni.WCAP.AH%26RD%202010 1.pdfwww. sasas.co.za/aahrd/>[Acedido em 07 de setembro de 2012].

Mtileni, B.J, Muchadeyi, F. C, Maiwashe, A, Chimonyo, M, Mapiye, C & Dzama, K., 2012. Influência dos factores socioeconómicos nas restrições de produção enfrentadas pelos produtores de aves de capoeira indígenas na África do Sul. *Tropical Animal Health Production.* Dez; 45 (1): pp. 67-74. Disponível em:<http://www.ncbi.nlm.nih.gov/pubmed/22610537>[Acedido em 07 de julho de 2012].

Mtileni, B. J., Muchadeyi, F. C., Maiwashe, A., Groeneveld, E., Groeneveld, L. F., Dzama, K. & Weigend, S., 2011.Genetic diversity and conservation of South African indigenous poultry populations. *Journal of Animal Breeding and Genetics*. 128 (3), pp. 209- 218.

Mtileni B.J., F.C. Muchadeyi, A. Maiwashe, P.M. Phitsane, T.E. Halimani, M. Chimonyo & Dzama, K., 2009. Caracterização dos sistemas de produção de recursos genéticos avícolas indígenas da África do Sul. *Applied Animal Husbandry for Rural Development*. 2, pp. 18-22. Disponível em: <www.sasas.co.za/aahrd/> [Acedido em 01 de abril de 2013].

Muchadeyi, F. C., Sibanda, S., Kusina, N. T., Kusina, J. F. & Makuza, S., 2005. Village chicken flock dynamics and the contribution of chickens to household livelihoods in a smallholder farming are in Zimbabwe. *Tropical Animal Health Production*. 37(4). pp. 333-334. Disponível em:< http://www.ncbi.nlm.nih.gov/pubmed/15934641> [Acedido em 18 de dezembro de 2012].

Muchadeyi, F.C., Sibanda, S., Kusina, N.T., Kusina, J. & Makuza, S., 2004. O sistema de produção de galinhas de aldeia no distrito de Rushinga no Zimbabwe. *Livestock Research for Rural Development,* 16 (6). Disponível em:<

http://www.cipav.org.co/cipav/pubs/index.htm.> [Acedido em 08 de setembro de 2012].

Mudau, K. S., Geyser, M., Nesamvuni, A. E. & Belemu, N. D., 2009. Rumo a estratégias e tácticas sustentáveis para a recuperação da extensão. Partnerships In Agricultural Development Proceedings from the 43rd Annual Conference of the South African Society for Agricultural Extension, 12-15 May, Madiba Banquet Hall, Potchefstroom, North West Province

Mwale, M. & Masika, P.J., 2008. Plantas medicinais utilizadas no controlo etno-veterinário de parasitas gastrointestinais em galinhas de aldeia nas áreas comunais do Cabo Oriental. Trabalho apresentado na Conferência do Fórum de Utilização de Plantas Indígenas, 7 a 10 de julho de 2008. Graaff Reinet, África do Sul.

Mwale, M. & Masika. P. J., 2009. Controlo etno-veterinário de parasitas, gestão e papel das galinhas de aldeia em agregados familiares rurais do distrito de Centane no Cabo Oriental, África do Sul. *Tropical Animal Health Production.* 41(8). pp. 1685- 1693. Disponível em:

<http://www.ncbi.nlm.nih.gov/pubmed/19462254>[ Acedido em 4 de junho de 2012]

Mwalusanya, N.A., Katule, A.M., Mutayoba, S.K., Mtambo, M.M.A., Olsen, J.E. & Minga, U.M. 2002. Productivity of local chickens under village management conditions (Produtividade de galinhas locais em condições de gestão de aldeia). *Tropical Animal Health and Production,* 34 (5) pp. 405-416. Disponível em em:

<>

http://link.springer.com/article/10.1023/A%3A1020048327158#page-2[Acedido em 08 de junho de 2011].

Mwenya, J. 2001. A diversidade e o estado de conservação dos recursos genéticos do gado e das aves de capoeira na Zâmbia. In: Lebbie, S. H. B. & Kamau, L. Eds. 2001. Rede de Investigação em Agricultura Animal da Comunidade de Desenvolvimento da África Austral (S - AARNET): Proceedings of the Planning and Priority setting Workshop on Animal Genetic Resources in the SADC Region, 19-22 February 2001.Gaborone, Botswana, ILRI (International Livestock Research Institute)/CTA (Technical Centre for Agricultural and Rural Co-operation)/ SADC (Southern African Development Community).

Nandal, U. & Bhardwaj. R.L., 2012. Aloe vera para nutrição humana, saúde e uso cosmético - Uma revisão. *International Research Journal of Plant Science* 3(3), pp. 038-046, Disponível em:< http://www.interesjournals.org/IRJPS> [Acedido em 26 de janeiro de 2013].

NBI (Iniciativas Empresariais Nacionais), 2011. Desenvolvimento dos recursos humanos da África do Sul, anteriormente JIPSA). Disponível em:< http://www.nbi.org.za>[Consultado em 24 de julho de 2013].

NDA (Departamento Nacional de Agricultura), 2002. O Plano Estratégico para a Agricultura da África do Sul. Disponível em:< http://www.nda.agric.za> [Acedido em 03 de maio de 2012].

NDA (Departamento Nacional de Agricultura), 2005. Resumo das Estatísticas Agrícolas. Direção

Natukunda K., Kugonza, D. R. & Kyarisiima, C. C., 2011. Aves de capoeira indígenas das planícies de Kamuli no Uganda: I. Sistema de produção e dinâmica dos bandos. *Investigação Pecuária para o Desenvolvimento Rural.* *23* *(10), pp.* *220.* Disponível em

em:<http://www.lrrd.org/lrrd23/10/natu23220.htm>[Acedido em 10 de março de 2013].

Ndegwa, J. M., Norrish, P. Mead, R., Kimani, C. W & Wachira, A. M., 2000. The Bangladesh Model and other Experiences in Family Poultry Development: Um processo e uma metodologia de investigação centrados nas galinhas indígenas do Quénia. Trabalho apresentado no XXI Congresso Mundial de Avicultura, Simpósio da International Network for Family Poultry Development (INFPD), 20-24 de agosto de 2000. Montreal, Canadá.

NEPAD (Nova Parceria para o Desenvolvimento de África), 2002: Relatório para o Comité de Implementação dos Chefes de Estado, julho - outubro de 2002. Disponível em:< http://www.au2002.gov.za/docs/key oau/hsic5rep.htm> [Acedido em 23 de março de 2012]

Njagi, L. W., Nyaga, P. N., Bebora, L. C., Michieka, J. N., Mbuthia, P. G., Kibe, J. K & Minga, U. M., 2010. Prevalência do vírus da doença de Newcastle em galinhas indígenas da aldeia em zonas agro-ecológicas variadas no Quénia. *Livestock Research for Rural development*, 22 (5): Disponível em:< http://www.lrrd.org/lrrd22/5/njag22095.htm> [Acedido em 9 de outubro de 2012]

Njenga, S.K., 2005. Produtividade e aspectos socioculturais dos fenótipos avícolas locais na costa do Quénia. Dissertação de Mestrado. Tese de Mestrado, Universidade Real de Veterinária e

Agricultura, Dinamarca.

Nkonkobe, PDI, 2011/11. Município de Nkoknkobe, Fort Beaufort. Disponível em:<http://mfma.treasury.gov.za/Documents/01.%20Integrated%20Development%20Plans/2010-11/02.%20Local%20Municipalities/EC127%20Nkonkobe/EC127%20Nkonkobe%20- %20IDP%20-%201011 .pdf> [Acedido em 21 de maio de 2011]

Norlin, J. M., 2009. O comportamento humano e o ambiente social: Teoria dos sistemas sociais. In Lunenburg, F. C 2010. As escolas como um sistema aberto. *Schooling.* Vol. 1 (1), pp. 1-5 Disponível em<http://www.nationalforum.com/Electronic%20Journal%20Volumes/Lununburg,%20Fred%20C. %20Schools%20as%20Open%20Systems%20Schooling%20V1%20N1%202010.pdf> [Acedido em 16 de junho de 2011]

Norris, D., Ngambi, J. W., Benyi, K., Makgahlele, M. L., Shimelis, H. A. & Nesamvuni, E. A., 2007. Analysis of growth curves of indigenous male Venda and Naked Neck chickens. *South African Journal of Animal Science.* 37 (1), pp. 21-26.

Nuthall, P.L., 2006. Determining the important management skill competencies: The case of family farm business in New Zealand, *Agricultural Systems*, 88 (2-3), pp. 429-450.

Nwana, I.E., 2011. Investigação e extensão orientadas para a procura em culturas de raízes e tubérculos para a segurança alimentar e o emprego dos jovens. Discurso de abertura no Workshop Anual de Revisão e Planeamento da Investigação do

Instituto Nacional de Investigação de Culturas Radiculares (NRCRI), Umudike, Nigéria.

Oboh, V. & Sani, R. M., 2009. O papel da rádio na campanha contra a propagação do VIH/SIDA entre os agricultores em Markudi, Nigéria. *Jornal de ciências sociais.* 19 (3), pp. 179-184.

Ochieng J, Owuor G, Bebe B. O. & Ochieng, D.O., 2011. Effect of Management Interventions on Productive Performance of Indigenous poultry in Western Kenya (Efeito das Intervenções de Gestão no Desempenho Produtivo das Aves Indígenas no Quénia Ocidental). *Livestock Research for Rural Development. 23 (114). Disponível em:* <http://www.lrrd.org/lrrd23/5/ochi23114.htm> [Acedido em 25 de fevereiro de 2013].

Ochieng, J, Owuor, G. & Bebe, B.O., 2012. Determinantes da adoção de intervenções de gestão na produção avícola indígena no Quénia. *Jornal Africano de Economia Agrícola e dos Recursos.* 17 (1), pp. 39-50

OCDE (Organização de Cooperação e de Desenvolvimento Económicos), 2006. Revisão das políticas agrícolas: South Africa - Highlights and policy recommendations. Publicação da OCDE, Paris. Disponível em: <www.oecd.org/publications/policybriefs> [Acedido em 07 de janeiro de 2012]

Okeno, T.O., Kahi, A. K. & Peters, J. K., 2011. Caracterização dos sistemas de produção de aves de capoeira indígenas no Quénia: Household Flock Structure, Dynamics and Breeding Practices (Estrutura dos bandos domésticos, dinâmica e práticas de criação). *Tropical Animal Health and Production* 44 (3), pp. 601-608

Okitoi, L. O., Ondwasy, H. O., Obali, M. P & Murekefu, F., 2007.

Gender issues in poultry production in rural households of Western Kenya (Questões de género na produção avícola em agregados familiares rurais do Quénia Ocidental). *Livestock Research for Rural Development. 19(17) Disponível em* :<http://www.lrrd.org/lrrd19/2/okit19017.htm>[Acedido em 03 de julho de 2013].

Olayiwola, O. F., 2005. Perceção da migração rural-urbana em comunidades rurais selecionadas no estado de Ondo, Nigéria. Uma publicação do departamento de sociologia, Universidade Adekunle Ajasin Akungba, Nigéria.

Ortmann, G. & Machethe. C. 2003. Problemas e oportunidades na agricultura sul-africana. In:

Nieuwoudt, L. e Groenewald, J. eds. 2008. The Challenge of Change: Agriculture, Land and the South African Economy. Pietermaritzburg: The University of Natal Press. *International Journal of Poultry Science* 6 (10), pp. 709-712.

Osinem, E.C., 2008.Gestão do ensino e da formação no domínio agrícola: Recursos, princípios e métodos. Belony International Publishers, Enugu Nigéria, pp. 317

Ottermann, B., 2013. 'Caipira, orgânico, alimentado com capim: Do you know what you're eating?" Health24, Online, [online] 12 de julho. Disponível em:< http://www.health24.com/Diet-and-nutrition/Nutrition-basics/Free-range-organic-grass-fed-do-you-know-what-youre-eating- 20120721 > [Acedido em 10 de novembro de 2013]

Ouandaogo, Z.C., 1990. Programa de desenvolvimento de animais de aldeia (PDAV). Actas, Smallholder Rural Poultry Production-requirements of research and development, 9-13 Out., 1990. Thessaloniki, Grécia. Vol. 2: Relatórios por país, pp. 27-36

Palmer, R., 2007. Skills for work? From skills developmentto decent livelihoods in Ghana's rural informal economy, *International Journal of Educational Development*, 27 (4), pp 397-420. Disponível em:< http://www.sciencedirect.com/science/article/pii/S0738059306001222> [Acedido em 02 de fevereiro de 2013].

Palmer, T. & Ainslie, A. 2006 Country Pasture/Forage Resource Profiles South Africa. Preparado por Palmer e Ainslie em maio de 2002; dados sobre o gado actualizados por S.G. Reynolds em agosto de 2006. Disponível em< http://www.fao.org/ag/AGP/agpc/doc/Counprof/southafrica/SouthAfrica.htm> [Acedido em 09 de fevereiro de 2013]

Peacock, C., 2005. Goats: unlocking their potential for Africa's farmers (Farm -Africa Working Paper Series No. 2). Documento apresentado na sétima conferência dos Ministros Responsáveis pelos Recursos Animais, Kigali, Ruanda, 31 de outubro - 4 de novembro, 2005. In: FAO. 2011. Notas sobre Pecuária, Segurança Alimentar e Equidade de Género. Documento de Trabalho sobre Produção e Saúde Animal. No. 3. Rome. Disponível em:< http://www.fao.org/docrep/014/i2426e/i2426e00.pdf> [Acedido em 21 de fevereiro de 2011]

Pedersen, C.V., 2002. Production of semi-scavenging chicken in Zimbabwe. Tese de doutoramento, Universidade Real de Veterinária e Agricultura, Copenhaga. In: Okeno, T.O., Kahi, A. K. & Peters, J. K. 2012. Caracterização dos sistemas de produção de aves de capoeira indígenas no Quénia: Household Flock Structure, Dynamics And Breeding Practices (Estrutura do rebanho doméstico, dinâmica e práticas de criação). *Tropical Animal Health and Production* 44(3),pp.601-608

Permin, A., Pedersen, G. & Riise, J.C., 2000. Poultry as a tool for poverty alleviation: Oportunidades e problemas relacionados com a produção avícola a nível de aldeia. In: Alders, R.G., Spradbrow, P.B., eds. Australian Centre for International Research (ACIAR) Proceedings No. 113 on SADC Planning workshop on Newcastle Disease Control in Village Chickens. pp. 143147.

Permin, A., Riise, J.C., Kryger, K.N., Assoumane, I & Schou, T.W., 2004. Experiências na utilização de aves de capoeira como instrumento de redução da pobreza a nível da aldeia - como permitir que as mulheres pobres aumentem o seu rendimento. Actas de uma reunião final de coordenação da investigação organizada pela Divisão Conjunta FAO/IAEA de Técnicas Nucleares na Alimentação e Agricultura e realizada em Viena, 24-28 de maio de 2004

Petrus, N. P., Mpofu, I. & Lutaaya, E., 2011. O cuidado e a gestão das aves de capoeira indígenas nas áreas comunais do Norte de Namíbia. *Livestock Research for Rural Development...* 23 (253).< http://www.lrrd.org/lrrd23/12/petr23253.htm> [Acedido em 24 de janeiro de 2013].

Phiri, C., 2009. Pecuária, meios de subsistência rurais e intervenções de desenvolvimento rural no Cabo Oriental: Case Studies of Chris Hani, Alfred Nzo and Amathole District Municipalities. Tese de doutoramento não publicada, Faculdade de Ciências Sociais, Universidade de Forte Hare.

Photakoun, V., Millar, J. & Race, D., 2010. Avaliação dos métodos de capacitação para reforçar os resultados da extensão pecuária no Laos. *Extension Farming Systems Journal.* 5(2), pp. 91-100. Disponível em:< http://www.csu.edu.au> [Acedido em 28 de julho de

2013].

Pretty, J. N., 2000. Pode a agricultura sustentável alimentar África? Ambiente, Desenvolvimento e Sustentabilidade 1, pp. 253-274.

Pym, R., Guerne, A., Bleich, E. & Hoffmann, I., 2006. The relative contribution of indigenous chicken breeds to poultry meat and egg production and consumption in the developing countries of Africa and Asia. In: Romboli, I., Flock, D., Franchini, A. eds., 2011. 12ª Conferência Europeia de Avicultura. XII Conferência Europeia de Avicultura, Itália, pp. 197-197.

Qamar M.K., 2003. Enfrentar o desafio de uma epidemia de VIH/SIDA: Agricultural extension services in Sub-Saharan Africa (Serviços de extensão agrícola na África Subsariana). Organização das Nações Unidas para a Alimentação e a Agricultura, Roma. Disponível em:< ftp://ftp.fao.org/docrep/fao/006/y4973e/Y4973E00.pdf>[Acedido em 29 de julho de 2013].

Raabe, K., 2008. Reforming the Agricultural Extension System in India: What Do We Know About What Works Where and Why? IFPRI Documento de discussão 00775.

Rabe, T. & Van Staden, J., 1997. Atividade antibacteriana de plantas sul-africanas utilizadas para fins medicinais. *Journal of Ethnopharmac.* 56, pp. 81-87.

Ravallion, M., 2001. Growth, Inequality, and Poverty: Looking Beyond Averages. Policy Research Working Paper 2558, Washington D.C. EUA. Banco Mundial

Ravallion, M., 2011. Sobre os índices multidimensionais de pobreza.

*Jornal da Desigualdade Económica* 9(2), pp. 235-248.

Ravallion, M. & Datt, G., 1996. Quão importante para os pobres da Índia é a composição setorial do crescimento económico? World Bank Economic Review 10 (1), pp. 1-25.

RIU (Research Into Use), 2011. Lições e histórias de casos da RIU Tanzânia. Disponível em:<http://r4d.dfid.gov.uk/PDF/Outputs/ResearchIntoUse/riu11tz-lessons-complete.pdf>[ 09 de maio de 2012

RIU (Research Into Use), 2012. Sustentando novas escalas: Um apelo para um apoio institucional mais forte para o subsector da avicultura indígena. Resumo de Política 3. MUVEK Development Solutions Ltd Dar es Salaam, Tanzânia

Riise, J.C., Permin, A., Larsen, C.E.S. & Idi, A., 2004. Otimização da Transferência de Tecnologia Apropriada para Pequenos Produtores. WPC, Istambul Turquia, 8-12 de junho de 2004 (WPC proceedings-2004). Em: Riise, J.C, Permin, A & Kryger K.N., 2005. Strategies for developing family poultry production at village level - Experiências da África Ocidental e da Ásia. *World's Poultry Science Journal*, 61, pp. 15-22. Disponível em:<http://www.fao.org/ag/againfo/themes/en/infpd/documents/Riise.pdf> [Acedido em 12 de março de 2012].

Riise, J.C., Permin, A. & Kryger, K.N., 2005. Strategies for developing family poultry production at village level - Experiências da África Ocidental e da Ásia. *World's Poultry Science Journal*, 61, pp. 15-22

Riise, J.C., Christensen, P.F., Kryger, K.N. & Seeber G, D.S., 2005. Study on Danida Support to the Livestock Setor Smallholder Poultry Sub-Setor in Bangladesh (1993-2005) Vol. I & II. Disponível em em:

<http://www.poultry.life.ku.dk/Development potentials/~/media/migration%20folder/upload/poultry/workshops/w25/papers/riise.pdf.ashx> [Acedido em 12 de maio de 2012]

Rivera, W. M. & Alex, G. E., 2008. Human Resource Development for Modernizing Agricultural Workforce. Human Resource Development Review, 7(4), pp. 374-386.

RLDC (Rural Livelihood Development Company), 2010. Comercialização da Produção e Comercialização de Frangos no Corredor Central. Disponível em:< http://www.rldp.org/downloads/poultry strategy.pdf> [Acedido em 12 de maio de 2011]

Roberts, J.A. & Gunaratne, S.P., 1992. A base de recursos alimentares para galinhas de vila num país em desenvolvimento. Proceedings, 19th World's Poultry Congress, 1, pp. 822-825

Rodriquez, L. & Banq, J. K., 1999. Capacity Building for Sustainable Rural Development: Educação, uma prioridade. Procedimentos de um Workshop sobre Avicultura como Ferramenta na Erradicação da Pobreza e Promoção da Igualdade de Género

Roothaert, R. L., Ssalongo, S. & Fulgensio, J., 2011. O modelo da galinha de Rakai: Uma abordagem que melhorou a sorte dos agricultores de Ugandan. *Revista Internacional de Sustentabilidade Agrícola.* 9 (1), pp. 222-231. Disponível em:< http://dx.doi.org/10.3763/ijas.2010.0563> [Acedido em 03 de fevereiro de 2013].

Rota, A, Brett, N, Nahar J, Rahman, S.M.R., Ali, Y., Sarwar, A., & Fattah, K. A., 2006. The experience with mini-hatcheries technoloqy in Banqladesh. Disponível em:< http√asia.ifad.orq/enrap/events/ifad-events/ifad-fao-study-tour-on-microfinance-for-marqinal- and-small-farmers-reachinq-the-tarqet-qroup-2/Paper%20-%20Mini-hatcheries%20poultry.doc> [Acedido 09 janeiro 2012]

RLDC (Rural Livelihood Development Company), 2010. Comercialização da produção e comercialização de frango no Corredor Central. Disponível em:< http√www.rldp.orq/downloads/poultry strateqy.pdf> [Acedido em 12 de junho de 2011].

Sachs, J. D & McArthur, J. W., 2005. The Millennium Project: a plan for meetinq the Millennium Development Goals (O Projeto do Milénio: um plano para atingir os Objectivos de Desenvolvimento do Milénio). Projeto do Milénio. Lancet 2005; 365, pp. 347-53. Disponível em:< http√earth.columbia.edu/sitefiles/file/about/diretor/documents/lancet012205.pdf> [Acedido em 30 de maio de 2012]

Safalaoh, A.C.L., 1997. Caraterísticas das aves de capoeira indígenas do Malawi. *Animal Genetic Resource Information*, 22, pp. 61-69.

Safalaoh, A. C. L., 2001. Village chicken upgrading program in Malawi (Programa de melhoramento de galinhas de aldeia no Malawi): *World's Poultry Science Journal*, 57(2), pp. 179-188. Disponível em:< http://dx.doi.org/10.1079/WPS20010013> [Acedido em 18 de outubro de 2011].

SAGovInfo (Informação do Governo da África do Sul), 2011. Agriculture. Disponível em:< http://www.info.gov.za> [Acedido em 09 de junho de 2013].

Salami, A., Kamara, A. B, & Brixiova, Z., 2010. Smallholder Agriculture in East Africa: Trends, Constraints and Opportunities . Série de Documentos de Trabalho do Grupo do Banco Africano de Desenvolvimento n.º 105. Disponível em em: <http://www.afdb.org/fileadmin/uploads/afdb/Documents/Publications/WORKING%20105%20% 20PDF%20d.pdf> [Acedido em 23 de março de 2013]

Salum, M.R., Mtambuki, A. & Mulangila, R.C.T., 2002. Conceção de um regime de vacinação para controlar a doença de Newcastle em galinhas de aldeia na zona sul da Tanzânia. Actas da 17ª Conferência Científica conjunta da Sociedade de Produção Animal da Tanzânia e da 20ª Conferência Científica da Associação Veterinária da Tanzânia, realizada de 3 a 5 de dezembro de 2002, Arusha, Tanzânia, pp. 299-305. **Em:** Yakubu, A., 2010. Bandos de galinhas indígenas do Estado de Nasarawa, Nigéria: As suas caraterísticas, criação e produtividade. Ecossistemas Agrícolas Tropicais e Subtropicais.1(12), pp. 69-76. Disponível em: <https://www.amherst.edu/offices/human resources/training/whatistraining> [Acedido em 12 de maio de 2011].

SAIB (Raças Indígenas da África do Sul) koekoek. Disponível em:< http://www.indigenousbreeds.co.za/local/poultry/koekoek> [Acedido em 18 de fevereiro de 2012]

Relatório SAPA (aves de capoeira e produtos da África do Sul), 2011. Notícias da Agricultura em África. Disponível em:< http://www.africa-agri.com/south-africa-poultry-and-products-report-2011> [Acedido em 17 de fevereiro de 2012].

Sarboland, K. & Mousav, N., 2012. Effect of In-Service Training on Improving Staff Performance (Efeito da formação em serviço na melhoria do desempenho do pessoal): Um estudo de caso: Os Gabinetes de Segurança Social da Província de Ardebil. *Journal of Basic and Applied Science Research.* 2(7), pp. 6436-6440. Disponível em:< http://www.textroad.com/pdf/JBASR/J.%20Basic.%20Appl.%20Sci.%20Res.,%202(7)6436-6440,%202012.pdf> [Acedido em 09 de maio de 2012].

Sarkar, K. & Golam, M., 2009. A passagem de uma avicultura familiar de subsistência para uma avicultura familiar semi-comercial com galinhas locais: estratégias eficazes para a avicultura familiar no Bangladesh. *World's Poultry Science Journal,* 65 (2), pp. 251-259. Disponível em:

< > http://dx.doi.org/10.1017/S004393390900021X[Acedido em 12 de maio de 2011].

Sarkar, K. & Bell, J.G., 2006. Potencialidades das galinhas deshi e o seu papel na redução da pobreza e na segurança nutricional das famílias rurais. International Network for Family Poultry Development (INFPD) Newsletter16 (2) julho-dezembro de 2006. pp. 15-26.

Scott, W. R, & Davis, G. F., 2008. Organizações e organização:

Rational, natural, and open systems perspectives. Upper Saddle River, NJ: Prentice Hall.

Senge, P., 2006. A quinta disciplina: A arte e a prática da organização que aprende. ed. Nova Iorque, NY: Currency/Doubleday

Shafique, F. & Mahmood, K., 2010. Model Development as a Research Tool: An Example of PAK-NISEA. Library Philosophy and Practice. Disponível em:< http://www.webpages.uidaho.edu/~mbolin/shafique-mahmood.htm> [Acedido em 25 de agosto de 2011]

Shamsuddoha, M. & Sohel, M.H., 2004. Problems and prospects of poultry industry in Bangladesh: A study on some selected areas. Universidade de Administração de Empresas de Chittagong. 19, pp. 273-286. Disponível em:< http://espace.library.curtin.edu.au/cgi-bin/espace.pdf?file=/2012/03/14/file_1/173560> [Acedido em 02 de março de 2013].

Shao, X., Konovalchuk, V., Clark, B & Bruening, T., 2004. Identifying Problems Facing Smallholder South African Farmers through Participatory Rural Appraisals: Case Studies with Smallholder Farmers. AIAEE 2004. Actas da 20ª Conferência Anual Dublin, Irlanda.

Sharma, R. K., Barnerjee, A. K., Singh, H, & Singh, C.V., 2001. Strategies for improving productivity of rural poultry production sub-system. In: Sharma, R.K., 2007. Role and relevance of rural family poultry in developing countries with special reference to India. Family Poultry International Network for Family Poultry Development (Rede Internacional de Avicultura Familiar para o Desenvolvimento da Avicultura Familiar). 17(1&2). Disponível em:<www.fao.org/ag/againfo/subjects/en/infpd/home.html> [Acedido em 02 de julho de 2012].

Sharma, R.K., 2007. Role and relevance of rural family poultry in developing countries with special reference to India. Family Poultry International Network for Family Poultry Development. 17(1&2). Disponível em<www.fao.org/ag/againfo/subjects/en/infpd/home.html> [Acedido em 02 de julho de 2012].

Sodjinou, E., 2011. Poultry-based intervention as tool for poverty reduction and gender empowerment: Empirical evidence from Benin Tese de doutoramento, Instituto de Economia Alimentar e dos Recursos. Universidade de Copenhaga, Dinamarca.

Sonaiya, E.B. & Olori, V.E., 1990. Produção de frangos de aldeia no Sudoeste da Nigéria. In: Sonaiya, E.B. ed. Rural Poultry in Africa. Actas de um seminário internacional sobre o desenvolvimento da Avicultura Rural em África, Ile-Ife, Nigéria, 13-16 de novembro de 1989, ANRPD, pp. 243-247.

Sonaiya, E.B. & Aklobessi, K.K. 1991. Report on IDRC- sponsored study tour of the Projet de Developpement Avicole Villageois, Ouagadougou, Burkina Faso, Feb 11-15, 1991. Inglês e francês.

Sonaiya, E.B., 1992. A development strategy for improving sustainable smallholder rural poultry production. Actas do XIX Congresso Mundial de Avicultura, realizado em Amesterdão, Países Baixos, 20-24 de setembro de 1992. 2, pp. 684-687

Sonaiya, E. B, Branckaert, R. D. & Gueye, E. F., 1999. Opções de investigação e desenvolvimento para a avicultura familiar. Primeira Rede Internacional para o Desenvolvimento da Avicultura Familiar. Organização das Nações Unidas para a Alimentação e a Agricultura

Conferência Eletrónica sobre Avicultura Familiar, 7 de dezembro de 1998 - 5 de março de 1999 5, 1999. Disponível em: <http://faoext02.fao.org/WAICENT/FAOINFO/AGRICULT/AGA/AGAP/LPS/AMPO/Intropap.htm. > [Acedido em 09Junho 2011]

Sonaiya, E.B., Dazogbo, J.S, & Olukosi, O.A., 2002. Further Assessment of Scavenging Feed Resource Base Base. Disponível em em<http://www.ilri.org/biometrics/Publication/Full%20Text/Case%20study%2017%20- 2.pdf>[Acedido em 28 de janeiro de 2012].

Sonaiya, E.B., 2004. Avaliação direta dos recursos de nutrientes em sistemas de criação ao ar livre com esgoto. World's Poultry Science, 60, pp. 523-533.

Sonaiya, E. B., Olukosi, O. A., Obi, O. & Ajuwon. K.M. 2002. Vacinação, suplementação e base de recursos alimentares recicláveis para aves de capoeira de aldeia. In: Actas da 3ª Reunião de Coordenação da Investigação do Programa de Investigação Coordenada FAO/IAEA. Quatre Bonnes, Maurícia, 6-10 de maio de 2002. Disponível em:< www.iaea.org/programmes/nafa/d3/mtc/sonaiya- doc.pdf> [Acedido em 25 de junho de 2013]

Sonaiya, E. B. & Swan, S. E. J., 2005. Small-scale poultry production, technical guide manual.FAO Animal Production and Health 1.Food and Agriculture Organization of the United Nations (FAO), Rome.

Sonaiya, E.B., 2009. Quinze anos de investigação e desenvolvimento da avicultura familiar na Universidade Obafemi Awolowo, Nigéria. In, Alders R G, Spradbrow, P.B & Young, M. P. eds. 2009. Village chickens, poverty and the sustainable control of Newcastle disease. Actas de uma conferência internacional realizada em Dar es Salaam, Tanzânia, 5-7 de outubro de 2005. Actas da ACIAR n.º 131. 19-20.

Sonaiya, F., 2007. A avicultura familiar de pequeno porte como uma ferramenta para iniciar o desenvolvimento rural. Disponível em: < http://www.fao.org/ag/againfo/home/events/bangkok2007/docs/part3/3 2.pdf> [Acedido em 09 de junho de 2012]

Sperling, L., Loevinsohn, M.E. & Ntabomvura, B., 1993. Repensando o papel do agricultor no melhoramento de plantas: Local bean experts and on-station selection in Rwanda. *Experimental Agriculture*. 29, pp. 501-519.

SPSS (Statistical Package for Social Science Inc.), 2012. Versão 20.0. 444 Michigan Avenue, Chicago, IL60611

Ssalongo, S. B., 2003. Integrated Programd Hatching of Day Old Chicks on one particular day ofthe week in Rakai District, Documento de trabalho, INCORET, Kampala.

StatsSA (Estatísticas da África do Sul). 2003. Censo 2001. Investigation into appropriate definitions of urban and rural areas for South Africa: Documento de discussão, Pretória.

Stephen, P., Brien, N., & Triraganon, R., 2006. Capacity Building for CBNRM in Asia: A regional Review. Centro Regional de Formação em Silvicultura Comunitária para a Ásia e o Pacífico. Disponível em:< http://www.recoftc.org>[Consultado em 05 de julho de 2012].

Surehatch, 2012. Surehatch é o líder do sector no fornecimento de equipamento de incubação de pequena e média escala. Disponível em:< http://www.surehatch.co.za/Products.htm> [Acedido em 27 de junho de 2012].

Swanson, R. A. & Holton, E. F., 2001. Foundations of Human Resource Development, Berrett Koehler Publishers, São Francisco, p. 439.

Swatson, H.K., Nsahlai, I.V. & Byebwa, B., 2001. The status of smallholder poultry production in the Alfred district of KwaZulu-Natal, África do Sul: Prioridades de intervenção, comunidade pecuária e ambiente. Actas da 10ª Conferência da Associação de Instituições de Medicina Veterinária Tropical, Copenhaga, Dinamarca.

Sydhagen, K. & Cunningham, P., 2007. Desenvolvimento de recursos humanos na África subsaariana, Human Resource Development International, 10 (2), pp.121-135. Disponível em: <DOI: 10.1080/13678860701347156> [Acedido em 21 de maio de 2012].

Tabachnick, B.G. & Fidell, L.S., 2001. Using multivariate statistics 4$^{th}$ed. Nova Iorque: HarperCollins.

Tadelle, D. & Ogle, B., 1996. A survey of village chickens systems in the central Highlands of Ethiopia. Tese de Mestrado (artigo I). Universidade Sueca de Ciências Agrícolas. In: Kondombo, S.R., 2005. Melhoria da produção de frangos de capoeira num sistema de criação misto (frango-ramo) no Burkina Faso. Tese de doutoramento, Universidade de Wageningen, Países Baixos.

Tadelle, D., Million, T., Alemu, Y. & Peters, K.J., 2003. Village chicken production systems in Ethiopia 2. Use pattern and performance valuation and chicken products and socio-economic functions of chicken. Livestock Research for Rural Development 15 (1).

Disponível em:< http://www.cipav. org. Co/lrrd/lrrd15/1/tadeb151.htm>[Acedido em 25 de julho de 2012].

Taha, F. A. & Hahn, W. F., 2012. Modelação do sistema de procura de importação de carne da África do Sul. Documento apresentado nas Reuniões Anuais da Associação de Economia Agrícola e Aplicada, Seattle, WA, 12-14 de agosto 12-14, 2012. Disponível em:

<>

http://ageconsearch.umn.edu/bitstream/124582/2/AAEATaha.pdf[Acedido em 23 de julho de 2013]

Takenaka, S., 2006. Prefácio. Enhancement of Extension Systems in Agriculture Published by the Asian Productivity Organization (APO) Report of the APO Seminar on Enhancement of Extension Systems in Agriculture. held in Pakistan, 15-20 December, 2003. In: Baig, M. B &

Aldosari, F., 2013. Extensão agrícola na Ásia: Constrangimentos e opções de melhoria. The Journal of Animal & Plant Sciences, 23(2): 2013, Page: 619-632. Disponível em:< http://www.thejaps.org.pk/docs/v-23-2/43.pdf> [Acedido em 17 de julho de 2012]

Taylor, P., 1999. Participatory Curriculum Development for Agricultural Education and Training: Experiências do Vietname e da África do Sul. Disponível em:< http://www.fao.org/DistanceLearning/Curriculum%20development%20participation.htm> [Acedido em 25 de maio de 2012].

Terblanche, S. E., 2008. Towards an improved Agricultural Extension Service as a key role player in the settlement of new farmers in South Africa. *South African Journal of Agricultural Extension.* 37, pp. 58-84.

Thaman, R., Lyver, P., Mpande, R., Perez, E., Carino, J. &Takeuchi, K. eds. 2013. The Contribution of Indigenous and Local Knowledge Systems to IPBES: Building Synergies with Science. Relatório da Reunião de Peritos da IPBES, UNESCO/UNU. Paris, UNESCO. pp. 49

Thekisoe, M.M.O., Mbati, P.A. & Bisschop, S.P.R., 2004. Different approaches to the vaccination of free ranging village chickens against Newcastle disease in Qwa-Qwa, South *Africa, Veterinary Microbiologia Veterinária*, 101(1), pp. 23-30. Disponível em: <http://www.sciencedirect.com/science/article/pii/S0378113504000872>[Acedido em 25 de março de 2012].

Thien, L. M. & Nordin, A.R 2012. Uma proposta de estrutura de organização escolar a partir de teorias de sistema aberto e de organização multinível. *Revista Mundial de Ciências Aplicadas* 20(6), pp. 889899.

Thiele, G., van De Fliert, E. & Campilan, D., 2001. O que aconteceu à investigação participativa no Centro Internacional da Batata? *Agriculture and Human Values*. 18, pp. 429-446

Thirtle, C., Lin, L & Piesse, J., 2003. The Impact of Research-Led Agricultural Productivity Growth on Poverty in Africa, Asia and Latin America". *World Development*, 31(12), pp. 19591975.

Todd, H., 1998. Women at the center- Grameen bank women ten years on. Cashpor, Malásia. Mimeo.

Tsibane, T., 2000. Relatório sobre o país: África do Sul. In: Alders, R. C. & Spradbrow, P. B. eds. 2001. SADC Planning Workshop on Newcastle disease control in village chickens. Actas de um Workshop Internacional, Maputo, Moçambique, 6-9 de março, 2000. Actas da ACIAR No. 103, pp. 32-35

Programa das Nações Unidas para a Administração Pública e as Finanças, 1995. Report ofthe Group of Experts on Public Administration and Finance on its twelfth meeting, Conselho Económico e Social da Assembleia Geral. Nova Iorque, 31 de julho-11 de agosto de 1995. Disponível em:< http://www.un.org/documents/ga/docs/50/plenary/a50-525.htm> [Acedido em 23 de maio de 2012]

PNUD (Programa das Nações Unidas para o Desenvolvimento), 2012. Relatório de Desenvolvimento Humano em África. Rumo a um futuro com segurança alimentar. Nova Iorque, EUA

Van Niekerk, A.A. & Kopelman, L.M., 2005. Ética e SIDA em África: The challenges to our thinking. David Philip Publishers, Cidade do Cabo, África do Sul

*Van* Marle-Koster, E, & Nel, L.H., 2000.Genetic characterization of native Southern African chicken populations: evaluation and selection of polymorphic microsatellite markers. *South African Journal of Animal Science*, 2000, 30(1), pp. 1-6.

van Veldhuizen, L., Waters-Bayer, A, & de Zeewu, H., 1997. Desenvolvendo com os Agricultores: A Trainers Guide for Participatory Learning. Zeb Books Limited, Londres, Reino Unido

Vink, N. & Van Rooyen, J., 2009. O desempenho económico da agricultura na África do Sul desde 1994: Implicações para a segurança alimentar. Série de Documentos de Trabalho da Divisão de Planeamento do Desenvolvimento No.17, DBSA: Midrand.

Vreyens, J. R, & Shaker, M. H., 2005. Preparing Market-Ready Graduates: Adaptação do currículo para satisfazer o mercado de trabalho agrícola no Egito. Actas do AIAEE da 21ª Conferência Anual San Antonio, TX

Wallace, I., Mulhall, A, & Taylor, P., 1996. Developing a Research Framework for Improved Policies for Agricultural Education and Training in Sub-Saharan Africa, Report of an International Consultation held at Reading, UK, 20-21March 1996, Reading, UK: Agricultural Extension and Rural Development Department, University of Reading.

Walton, J., 1999. Strategic Human Resource Development. Harlow: Pearson Education Limited.

Wang, F. & Veugelers, P.J., 2008. Self-esteem and cognitive development in the era of the childhood obesity epidemic (Autoestima e desenvolvimento cognitivo na era da epidemia de obesidade infantil). *Obesity Review*; 9(6), pp. 615-623

Warr, P., 2002. Aprendizagem e formação. In: McDowall, A & Saunders, M.N.K., 2010. UK manager's conceptions of training and Development. *Journal of European Industrial Training* 34(7), pp. 609-630. Disponível em:< http://www.emeraldinsight.com/journals> [Acedido em 02 de março de 2012].

Williams B., Mayson, D., de Satge, R., Epstein, S, & Semwayo, T., 2008. Extension and small holder agriculture: Key issues from a review of the literature. Phuhlisani. Disponível em< http://e-fara.org/about-us/background> [Acedido em: 13 de junho de 2011]

Williams, R. Packham, G. P. Thomas, B. C. & Thompson, P., 2010. Crescimento das vendas das pequenas empresas e ligações da internacionalização às funções do sítio Web no Reino Unido. In: Thomas, B. C. & Simmons, G., ed. 2011. E-Commerce Adoption and Small Business in the Global Marketplace: Toolsfor Optimization, IGI Global: Hershey, PA.

Banco Mundial, 1998. Indigenous knowledge for development a framework for action. Centro de Conhecimento e Aprendizagem, região de África. Disponível em:< http://www.worldbank.org/afr/ik/ikrept.pdf> [Acedido em 23 de setembro de 2012]

Banco Mundial, 2002. Relatório sobre o desenvolvimento mundial 2002: Building institutions for markets. Washington, DC.

Banco Mundial, 2004. Skills Development in Sub-Saharan Africa (Desenvolvimento de Competências na África Subsariana). Banco Mundial, Washington. In: Palmer, R., 2007. Skills for work?: From skills development to decent livelihoods in Ghana's rural informal economy, *International Journal of Educational Development*, 27(4), pp. 397-420. Disponível em:<http://www.sciencedirect.com/science/article/pii/S0738059306001222>[Acedido em 02 de fevereiro de 2013].

Banco Mundial, 2007. Agricultura para o desenvolvimento. Relatório sobre o desenvolvimento mundial 2008. Washington, D.C.: Banco Internacional para a Reconstrução e o Desenvolvimento/Banco Mundial. Em: Raabe, K., 2008. Reforming the Agricultural Extension System in India: What Do We Know About What Works Where and Why? Documento de discussão do IFPRI 00775

Banco Mundial, 2008. O Relatório sobre o Crescimento: Strategies for Sustained Growth and Inclusive Development, Washington D.C., Comissão sobre Crescimento e Desenvolvimento, Banco Mundial.

Banco Mundial. 2012. África pode alimentar África: Removendo barreiras ao comércio regional de produtos alimentares básicos. Banco Mundial, Washington, D.C

Worth, S. H., 2009. Uma avaliação da adequação do ensino da extensão agrícola na África do Sul. Tese de Doutoramento. Universidade de KwaZulu-Natal.

Yakubu, A., Kuje, D. & Okpeku, M., 2009. Principal Components as Measures of Size and Shape in Nigerian Indigenous Chickens (Componentes principais como medidas de tamanho e forma em galinhas indígenas nigerianas). *Thai Journal of Agricultural Science*, 42(3), pp. 167176. Disponível em:< www.thaiagj.orgretrieved> [Acedido em 02 de agosto de 2010].

Yusuf, S.F.G., Masika, P. & Ighodaro, D.I., 2013. Agricultura necessidades de informação das mulheres agricultoras rurais no Município de Nkonkobe: O desafio da extensão. Jornal de Ciências Agrárias, 5(5), pp.107-114. Disponível em <:URL:http://dx.doi.org/10.5539/jas.v5n5p107> [Acedido em 16 de abril de 2013]

Zivkovic, D., Jelic, S. & Rajic, Z., 2009. Agricultural Extension Service in the function of rural development. Documento preparado para apresentação no 113.° Seminário do EAAE "O papel do conhecimento, da inovação e do capital humano na agricultura multifuncional e no desenvolvimento rural territorial", Belgrado, República da Sérvia, 9-11 de dezembro de 2009

# Apêndice A

Alojamento típico de aves de capoeira autóctones na área de estudo. Fotografia do autor

Câmara de galinheiro para galinhas. Construída desta forma para se proteger do ataque de predadores. Fotografia do autor

Ovos postos no mato por galinhas. Fotografia do autor

*Aloé ferox* na água de beber dos pintos e das aves adultas como tratamento profilático contra doenças Fotografia do autor

Planta *Aloe ferox*. Fotografia do autor

Bandos saudáveis de aves adultas. Fotografia do autor

## Apêndice B

**QUESTIONÁRIOS A) PARA OS AVICULTORES INDÍGENAS**

Secção A: Caraterísticas socioeconómicas

Cidade / Vila: .......................................................

Município ..............................................................

Sexo Masculino [ ] Feminino [ ]

Estado civil: Solteiro [ ], casado [ ], divorciado [ ], viúvo [ ], mãe solteira [ ]

Idade ( ) Profissão .........................................

Nível de educação...........................................

A dimensão do seu agregado familiar..............

N.º de homens [ ] mulheres [ ] Principal fonte de rendimento do agregado familiar.................................................................

Pertence a alguma sociedade cooperativa ou grupo de mercadorias? ........................................................................

Em caso afirmativo, indicar a sociedade ou o grupo................

A atividade principal da sociedade/grupo.................................

.......................................................................................

Discutem a produção avícola autóctone nas vossas reuniões de grupo?

.........................................................................................................

Se sim, enumere três domínios do vosso último debate a.

b ..........................................................

c. ..........................................................

O debate traz algum benefício para a melhoria da produção avícola indígena? Enumere os benefícios a. .............

b ......................................................................

c. ......................................................................

d ......................................................................

Para além da produção avícola autóctone, que outras actividades agrícolas práticas são discutidas no seu fórum?

De que forma são benéficos para o seu agregado familiar/ meios de subsistência?

.........................................................................................

# PADRÃO DE PROPRIEDADE E GESTÃO DAS AVES DE CAPOEIRA INDÍGENAS NO AGREGADO FAMILIAR

**NÍVEL**

Indicar o tipo de aves de capoeira que se está a criar:

| Type of birds | Size of stock | Chicks (Day to six weeks old) | Growers (Either male or female from 6-15wks old) | Hens (Sexually matured female) | Cocks (Sexually matured male) |
|---|---|---|---|---|---|
| | | | | | |
| | | | | | |
| | | | | | |

Lista dos tipos de raças de galinhas criadas?

a. ......................................

b...........................................

c. .........................................

Número total de aves detidas nos últimos dois anos

| Types of birds | 2007 | 2008 | 2009 | 2010 | 2011 |
|---|---|---|---|---|---|
| | | | | | |
| | | | | | |
| | | | | | |

Razões para o aumento da dimensão dos efectivos

a. ......................................................................

b.......................................................................

c. ......................................................................

Razões para a diminuição da dimensão do bando a.

b.......................................................................

c. ......................................................................

Qual foi a última vez que se registou um surto de doença das aves de capoeira na sua exploração ou na comunidade?

Qual é a natureza da doença? ........................................

Como é que é tratada? ........................................................

Indicar o número médio de ovos postos pelas galinhas por ninhada e por ano

Número médio de ovos eclodidos por ninhada ..........

Número médio de pintos criados até às seis semanas .......

Quais são os factores responsáveis pela morte dos pintos? Enumere-os

a. ..................................................................

b.....................................................................

c. ..................................................................

A quem pertencem as aves de capoeira do agregado familiar?

a. Homem adulto (>18 anos)
b. Mulher adulta (>18 anos)
c. Rapazes (<18 anos)
d. Raparigas (<18 anos)
e. Propriedade colectiva do agregado familiar

Quais são as principais actividades de manutenção das aves de capoeira?

| Activity | Responsible member of household |
|---|---|
| | |
| | |
| | |
| | |

Quais são as utilizações e funções das aves de capoeira e dos produtos à base de aves de capoeira?

a.

b.

c.

O que é que se faz com as aves e os produtos avícolas?

a ..................................................

b ..................................................

c ..................................................

Em caso de venda, em que mercados?

a. Na mesma aldeia
b. Na aldeia vizinha
c. Nos mercados mais próximos
d. Na cidade
e. Comprado por intermediários?
f. Supermercados como o Spar?

Avaliar a procura de produtos avícolas autóctones à escala

**Legenda: Procura reduzida (LD), procura moderada (MD), procura elevada (HD), período do ano (PY)**

| Products | LD | PY | MD | PY | HD | PY |
|---|---|---|---|---|---|---|
| Eggs | | | | | | |
| Weaned chickens | | | | | | |
| Adult hen | | | | | | |
| Adult cockerels | | | | | | |
| Ducks | | | | | | |
| Guinea fowls | | | | | | |
| Pigeons | | | | | | |
| Others | | | | | | |

Como é que utiliza o rendimento da venda dos produtos avícolas?

a. ................................................................

b ..................................................................

c. ................................................................

d ..................................................................

Quais são os tipos de alimentos suplementares dados às suas aves? Enumere-os

a. ..........................................................

b ...........................................................

c. ..........................................................

**Conhecimentos e competências necessários para gerir os seus bandos de aves de capoeira autóctones**

Quais são as 3 competências ou conhecimentos mais importantes que gostaria de adquirir para gerir a sua exploração avícola indígena?

1 ..........................................................................................

2.........................................................................................

3..........................................................................................

**Competências em matéria de produção avícola autóctone**

Como classificaria os seus conhecimentos e competências em relação às capacidades identificadas na empresa de produção avícola indígena? **Utilizando a escala de classificação de Likert de 1-5: 1= 'Fraco', 2= 'Razoável', 3= 'Bom', 4 = 'Muito bom', 5= 'Excelente'**

**Gestão de pragas e doenças**

| The ability to: | Poor | Fair | Good | V. Good | Excellent |
|---|---|---|---|---|---|
| Identify signs of diseases in birds | | | | | |
| Diagnose diseases | | | | | |
| Identify ecto-parasites in birds | | | | | |
| De-worm birds | | | | | |
| Carry out vaccinations | | | | | |
| Administer drugs to sick birds | | | | | |
| Identify poultry predators | | | | | |
| Local knowledge of predator control | | | | | |
| Know who to contact for bird health problem | | | | | |
| Disposing of dead birds | | | | | |
| Knowledge of ethno-veterinary drugs to treat diseases and parasites | | | | | |
| **Feeds and feeding** | | | | | |
| Use of local feeding stuff to feed birds of different age groups | | | | | |

| | | | | | |
|---|---|---|---|---|---|
| Identify local feedstuffs at different time of the year to feed birds | | | | | |
| Use of supplementary feeding for birds of different age group | | | | | |
| Provision of water for birds | | | | | |
| Knowledge of local feedstuff for birds | | | | | |
| | | | | | |
| **Selection and management of flock and Chicks** | | | | | |
| Ability to identify High Yielding Birds | | | | | |
| Care of the chicks against diseases, pests and predators | | | | | |
| Artificial brooding | | | | | |
| Supplementary feeds for brooding hen and chicks | | | | | |
| Identifying laying conditions | | | | | |
| Knowledge of bird culling as a result of | | | | | |
| a. Diseases | | | | | |
| b. Old age | | | | | |
| c. Poor productivity | | | | | |
| **Housing and Equipment** | | | | | |
| Shelter construction with local materials | | | | | |
| Cleaning poultry house | | | | | |

| | | | | | |
|---|---|---|---|---|---|
| Knowledge of litters and management | | | | | |
| Disinfecting pen after brooding period | | | | | |
| Prepare brood for hens | | | | | |
| Make perches | | | | | |
| Make nesting boxes using local materials | | | | | |
| Improvise drinkers and feeders with local materials | | | | | |
| Make hand woven basket | | | | | |
| Make bamboo cages | | | | | |
| **Record Keeping and Marketing** | | | | | |
| Record of flocks of sex, hatching period and age | | | | | |
| Selling of eggs | | | | | |
| Selling poultry | | | | | |
| Knowledge of market for local poultry | | | | | |
| Slaughtering and dressing local poultry for markets | | | | | |
| Knowledge of markets for local poultry outside the village or in the cities | | | | | |

Onde adquire os conhecimentos/competências acima referidos em matéria de produção e gestão de aves de capoeira indígenas? .....

Abaixo estão listadas várias fontes de assistência para os avicultores indígenas. Durante os últimos 2 anos, utilizou estas fontes nas suas decisões de gestão avícola local? Se sim

utilizou uma fonte, indique em que medida considerou esse contacto útil. **(Assinale "sim" ou "não".**

**Se "sim", avaliar a utilidade).**

**Legenda: NU {Não é útil}, LU {Utilidade limitada}, SWU {Algumas vezes útil}, VU {Muito útil}**

| | Have you had contact? | | Usefulness of these contacts (check one) | | | |
|---|---|---|---|---|---|---|
| | No | Yes | NU | LU | SWU | VU |
| Government extension agents | | ⟹ | | | | |
| University extension outreach agent/ university community engagement outfit | | ⟹ | | | | |
| Non-governmental organization (NGO) extension outreach agent | | ⟹ | | | | |
| Farmers Unions | | ⟹ | | | | |
| Farmers Commodity Association | | ⟹ | | | | |

Lista de como gostaria de ser apoiado para melhorar a sua produção avícola indígena? a....................................

b.......................................................................

c.......................................................................

d.......................................................................

e.......................................................................

Que organização ou grupo de serviços prefere para o apoio ao serviço? a ...................................................................

b .......................................................................

Indique os factores/razões responsáveis pela sua escolha a.

b .......................................................................

c. .......................................................................

**Apreciamos muito o seu tempo e esforço e valorizamos as suas ideias sobre a agricultura na Província do Cabo Oriental! Nkosi, Siyabulela. Muito obrigado!**

## QUESTIONÁRIOS (B) PARA TÉCNICOS DE DESENVOLVIMENTO AGRÍCOLA

### Secção A: Caraterísticas socioeconómicas

Zona de trabalho / aldeia:...............................................

Município.........................................................

Sexo Masculino [ ]   Feminino [ ]

Estado civil: Solteiro [ ], Casado [ ], Divorciado [ ], Viúvo [ ], Mãe solteira [ ]

Idade[ ]

Habilitações literárias e datas: ..........................................

Anos de experiência de serviço como extensionista:...................

Dá apoio à extensão aos agricultores que criam aves de capoeira autóctones no seu sector de atividade Sim [ ] Não [ ]

Em caso afirmativo, quantos estão abrangidos pela sua ala ........

Com que frequência se encontra com eles..............................

Lista dos problemas normalmente encontrados quando se lida com avicultores indígenas? a ................................

b..........................................................................

c..........................................................................

d..........................................................................

e..........................................................................

**Competências em matéria de produção avícola autóctone**

Como classificaria os seus conhecimentos e competências em relação às capacidades identificadas na empresa de produção avícola indígena? **Utilizando a escala de classificação de Likert de 1-5: 1= 'Fraco', 2= 'Razoável', 3= 'Bom', 4 = 'Muito bom', 5= 'Excelente'**

## Gestão de pragas e doenças

| The ability to: | Poor | Fair | Good | Very Good | Excellent |
|---|---|---|---|---|---|
| Identify signs of diseases in birds | | | | | |
| Diagnose diseases | | | | | |

| | | | | | |
|---|---|---|---|---|---|
| Identify ecto-parasites in birds | | | | | |
| De-worm birds | | | | | |
| Carry out vaccinations | | | | | |
| Administer drugs to sick birds | | | | | |
| Record chick mortality | | | | | |
| Identify poultry predators | | | | | |
| Local knowledge of predator control | | | | | |
| Know who to contact for bird health problem | | | | | |
| Knowledge of ethno-veterinary drugs to treat diseases and parasites | | | | | |
| **Feeds and feeding** | | | | | |
| Use of local feeding stuff to feed birds of different age groups | | | | | |
| Identify local feedstuffs at different time of the year to feed birds | | | | | |
| Use of supplementary feeding for birds of different age group | | | | | |
| Provision of water for birds | | | | | |
| Knowledge of local feedstuff for birds | | | | | |
| **Selection and management of flock and Chicks** | | | | | |
| Ability to identify High Yielding Birds | | | | | |
| Care of the chicks against diseases, | | | | | |

| | | | | | |
|---|---|---|---|---|---|
| pests and predators | | | | | |
| Artificial brooding | | | | | |
| Supplementary feeds for brooding hen and chicks | | | | | |
| Identifying laying conditions | | | | | |
| Knowledge of bird culling as a result of | | | | | |
| Diseases | | | | | |
| Old age | | | | | |
| Poor productivity | | | | | |
| **Housing and Equipment** | | | | | |
| Shelter construction with local materials | | | | | |
| Cleaning poultry house | | | | | |
| Knowledge of litters and management | | | | | |
| Disinfecting pen after brooding period | | | | | |
| Prepare brood for hens | | | | | |
| Make perches | | | | | |
| Make nesting boxes using local materials | | | | | |
| Improvise drinkers and feeders with local materials | | | | | |
| Make hand woven basket | | | | | |
| Make bamboo cages | | | | | |
| **Record Keeping and Marketing** | | | | | |

| Record of flocks of sex, hatching period and age | | | | | |
|---|---|---|---|---|---|
| Selling of eggs | | | | | |
| Selling poultry | | | | | |
| Knowledge of market for local poultry | | | | | |
| Slaughtering and dressing local poultry for markets | | | | | |
| Knowledge of markets for local poultry outside the village or in the cities | | | | | |

Como é que se adquirem os conhecimentos e as competências em matéria de produção e gestão de aves de capoeira indígenas?

A universidade que frequentei, Technicon / College of Agriculture, inclui no seu programa de estudos o ensino das aves domésticas?

Se sim, enumerar cinco conteúdos principais da disciplina a.

b...............................................................

c. ............................................................

d...............................................................

e. ............................................................

**Classificar o programa de desenvolvimento das capacidades de extensão (CD) no âmbito do serviço de extensão do Ministério da Agricultura ECP**

A classificação será efectuada com base numa escala de Likert que varia entre 5=mais eficaz (ME), 4=muito eficaz (VE), 3=eficaz (EF), 2=pouco eficaz (LT) e 1=pouco eficaz (LE)

| Methods of CD | ME | VE | EF | LT | LE |
|---|---|---|---|---|---|
| Workshop training | | | | | |
| On-the-job-training | | | | | |
| Cross-visit and study tours | | | | | |

| Staff meetings | | | | | |
|---|---|---|---|---|---|
| Mentoring | | | | | |
| Village learning activities and Farmer Field School (FFS) | | | | | |
| On-site-training | | | | | |
| Using the internet and reading documents | | | | | |
| Formal study | | | | | |
| In-house seminar | | | | | |
| In service training | | | | | |
| Monthly review meeting | | | | | |

**Desenvolvimento das capacidades dos extensionistas no domínio da produção avícola autóctone**

Em quantas acções de formação *ou* seminários participou nos últimos dois anos sobre:-

a. Produção avícola autóctone ..............................
b. Produção de frangos de carne exóticos ............
c. Produção de poedeiras comerciais....................
d. Produção de galos exóticos...............................
e. Qualquer outra produção avícola.......................
f .........................................................................
g .........................................................................

Utilizando o quadro abaixo, descreva os tipos, métodos e conteúdos da formação

| Date | Training | Training methodology | Training contents |
|---|---|---|---|
| | | | |
| | | | |

Se necessário, utilizar folha suplementar ou verso.

**Apreciamos muito o seu tempo e esforço e valorizamos as suas ideias sobre os serviços de extensão na Província do Cabo Oriental! Nkosi, Siyabulela. Muito obrigado!**

MIX
Papier aus verantwortungsvollen Quellen
Paper from responsible sources
FSC® C105338

Printed by Books on Demand GmbH, Norderstedt / Germany